鱼我所欲也

萨巴蒂娜◎主编

中国轻工业出版社

吃鱼者说

我有一个朋友喜欢钓鱼，而我喜欢吃鱼，这是多么浪漫的组合。

蒸鱼，最是简单、方便、快捷，只要有一点酱油或豉油，十多分钟，就做出一道无上的美味。

炸鱼我是相当爱吃的，小小的鱼裹上点儿淀粉，入油锅炸熟，炸到连骨头都可以吃，最好做成椒盐口味的。

生鱼片，或者生鱼寿司也很好吃。带醋味的饭怎么跟生鱼这么搭呢？每次至少十五贯（一贯指两个寿司）。

海边长大的我，爱吃妈妈做的红烧带鱼，一块带鱼就可以下一碗饭，吃完带鱼，剩下的骨头，我们都戏谑说可以当梳子用。

爸爸做的煎平鱼我也超级爱吃，没什么刺，可是又嫩。爸爸妈妈说：要多吃鱼，多吃鱼的人聪明呢。

顺德的鱼生捞起，鱼片晶莹又弹牙，吃到我眉开眼笑。吃完我就开始研究顺德的房价，恨不得每年来住上几个月。

在广州吃海鲜粥宵夜，每一口都有鲜美的鱼肉，一大锅也不到一百元，好吃到让人叹息。

青岛的朋友带我去吃鲅鱼韭菜馅儿的饺子，一个饺子有半只手那么大，蘸一碟醋吃，吃到走不动路。

到了晚上，又去吃盐烤秋刀鱼，带鱼子的最香了。

鱼我所欲也，熊掌不是我所欲也，二者不可得兼，当然还是吃鱼也。

高欣茹

萨巴蒂娜
个人公众订阅号

萨巴小传：本名高欣茹。萨巴蒂娜是当时出道写美食书时用的笔名。曾主编过五十多本畅销美食图书，出版过小说《厨子的故事》，美食散文集《美味关系》。现任“萨巴厨房”主编。

敬请关注萨巴新浪微博 www.weibo.com/sabadina

目 录
CONTENTS

1 CHAPTER 有鱼的菜肴才香

2 CHAPTER 有鱼的汤粥才美

4
CHAPTER
有鱼的小食才好

初步了解全书

本书按照鱼的烹饪方式划分章节，分为“有鱼的菜肴才香、有鱼的汤粥才美、有鱼的主食才饱、有鱼的小食才好”四个章节，既包括了经典的鱼肉大菜，也包括了用鱼肉制出的鲜美的汤粥羹，除此之外，用鱼肉制作的主食、小食也一应俱全。对于鱼的加工处理、常见鱼的品种，也在全书的一开始有详尽的介绍。

容量对照表

1 茶匙固体调料 = 5 克	1 茶匙液体调料 = 5 毫升
1/2 茶匙固体调料 = 2.5 克	1/2 茶匙液体调料 = 2.5 毫升
1 汤匙固体调料 = 15 克	1 汤匙液体调料 = 15 毫升

—— 知识篇 ——

吃鱼的正确打开方式

挑选技巧

鱼体、鱼态

鱼的体形与口感有很大的关系，挑选体形适中的鱼为宜。太小的鱼发育不成熟，鱼刺多、肉质不够鲜嫩，太大的鱼体内容易积聚太多有害物质。新鲜的鱼拿起来身硬体直，头尾往上翘，鱼唇坚实，不变色，腹紧，肛门周围呈一圆坑状。

鱼肉

新鲜鱼肉组织紧密，肉质坚实富有弹性，指压后鱼肉凹陷立即消失。

鱼鳍、鱼鳞

新鲜鱼的鱼鳍紧贴表皮、完好无损、色泽光亮。鱼鳞表层有透明的黏液，鳞片与鱼体贴附紧密，未有脱落。

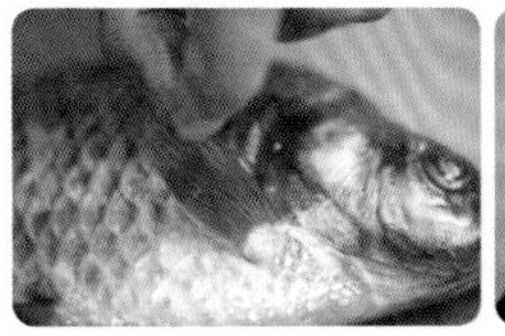

鱼鳃

新鲜鱼的鳃盖紧闭，鱼鳃色泽鲜红，黏液透明，具有淡水鱼的土腥味和海鱼的咸腥味，无异味。

鱼眼

新鲜鱼的鱼眼饱满凸出，角膜透明清亮，富有弹性。鱼眼灰暗无光，眼球模糊不清，并成凹状，则表示鱼不够新鲜。

鱼腹

新鲜鱼的腹部正常，不膨胀，肛孔呈白色，凹陷，有很自然的纹理。

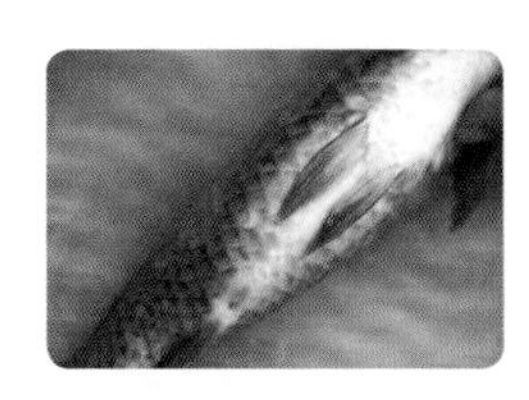

前期清理

1 去鳞

鱼鳞内部结构紧密，排列有序，能保持鱼体的外形，同时提供一道保护屏障。因其坚实质硬，影响口感，所以在烹饪之前都会把鱼鳞刮掉。

①在水中加入适量碱面或者适量醋。

②将鱼放入加醋或者加碱的水中浸泡 10 分钟。

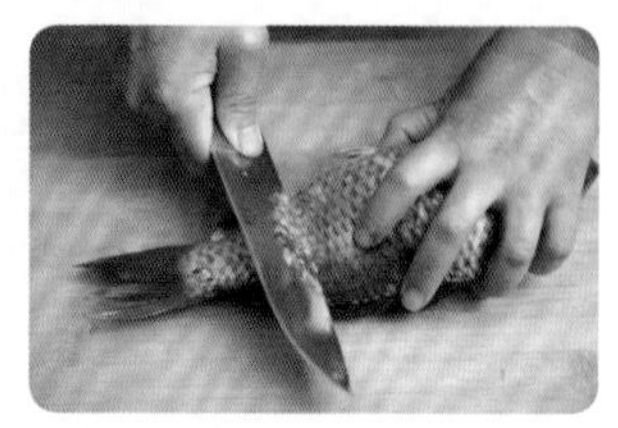

③待鱼鳞变松动，取有斜面或硬钝的工具，从鱼尾向鱼头方向慢慢刮推，然后将两侧和鱼腹的部位刮净，用清水冲净即可。

除了上述方法，还可以把开水浇在鱼身上，放入冷水中浸泡，鱼鳞也容易刮掉。

2 去鳃

鱼鳃不仅是鱼的呼吸器官，也是一个重要的排毒器官，这也是吃鱼要去除鱼鳃的重要原因。

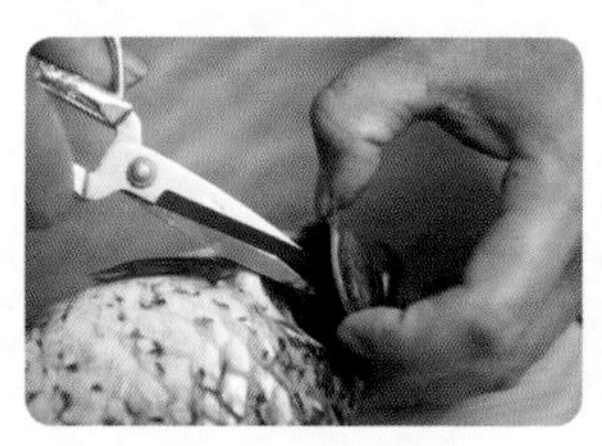

①用剪刀尖贴近鱼鳃底部往外挑。

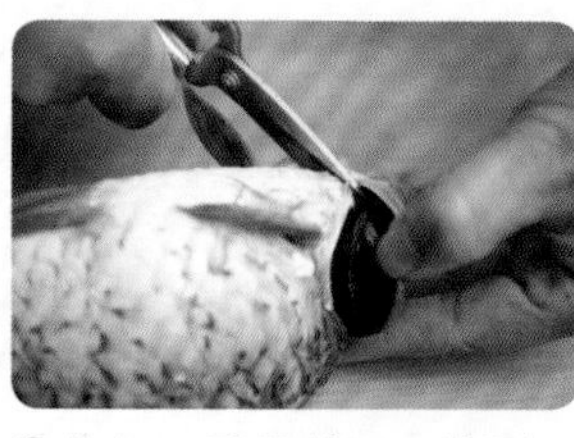

②从鳃口那里剪开，剪到三分之二即可。

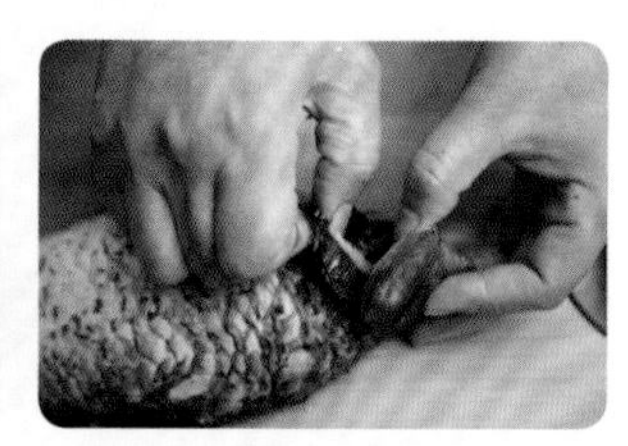

③将手指伸进去直接拉到头上那根筋，整个拉出，避免破损。

鱼鳍

鱼鳍是鱼的游泳器官，能帮鱼快速游动，保持平衡。但鱼鳍的腥味较重，一般都要去掉。

①用剪刀沿着鱼鳍与鱼身连接的根部，横向剪掉鱼鳍即可。

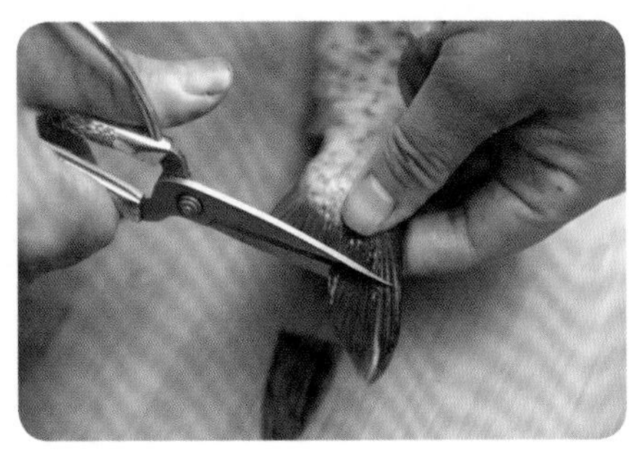

②鱼尾部分也照此方法剪掉尾鳍。

清理内脏

鱼的内脏，包括鱼的肠胃系统，容易残留垃圾及毒素。内脏中有黑膜，不清理干净会有苦腥味，大大降低鱼的口感。

①用剪刀尖从鱼的肛门处插入。

②沿着下腹剪开鱼腹。

③掏出里面的内脏清理干净，用小刷子刷净内脏中的黑膜，各个角落都要刷净。

5 去腥

①调味品去腥：利用葱、姜、蒜、大料、花椒、醋等调味品来去除鱼的腥味。

②面粉去腥：腌制鱼时可以涂抹少许面粉，面粉有吸附作用，能去除鱼的部分腥味。

③酒类去腥：白酒、红酒、料酒、米酒等都有挥发性，鱼洗净后，用酒类涂遍腌制，可去除部分腥味。用酒类去腥浸泡的时间不要太长。

④茶水去腥：鱼清理干净，放入温茶水中浸泡，茶叶有吸附作用，有助于去除腥味。

⑤盐水去腥：清水中放入少许盐。将鱼洗净浸泡在淡盐水中，盐水通过两鳃进入血液，鱼的腥味就可以去掉。

⑥去鱼线：在靠近鱼头大约一指的位置用刀横划一刀，可以看到一条白线，用手捏住鱼线头取出即可，另一面鱼身用相同的方法去掉鱼线。

⑦去黑膜、鱼牙：鱼内脏中的黑膜，是腥味较重的来源之一，在清理鱼时一定要清除干净。鱼牙也很腥，是常被我们忽略的部分，去除鱼牙只要顺着鱼头部位一推鱼牙就去掉了。

去鱼骨

①从鱼尾处斜刀插入，用刀贴着鱼脊骨向里劈进。

②劈到鱼鳃盖骨的位置，用刀垂直切下，切掉上片鱼肉。将鱼翻身，重复上述方法，片下另一半鱼肉。

③将鱼皮朝下，鱼肚肉朝上，在鱼刺的一端斜着向内侧下刀，将鱼刺挑去。

去鱼皮

片下的鱼肉可以从中部下刀，垂直切至鱼皮处，刀口贴着鱼皮，刀身侧斜向前划进，除去鱼皮即可。

如何保存处理过的鱼

①取适量芥末涂抹在鱼的表面。

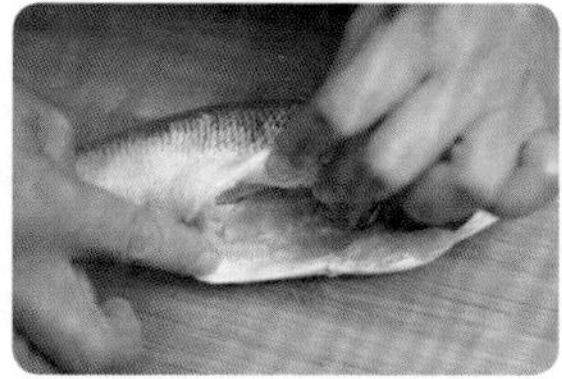

②内膛也抹上少许芥末。

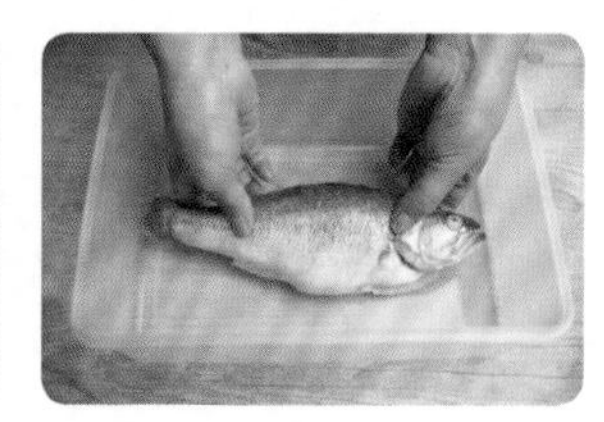

③放入密闭的容器中，可保持 3 天不变质。

清理干净的鱼，放入 90℃的开水中，稍微汆煮即刻捞出，晾凉后放入冰箱保存，比未经热水处理过的鲜鱼保存时间长 1 倍。

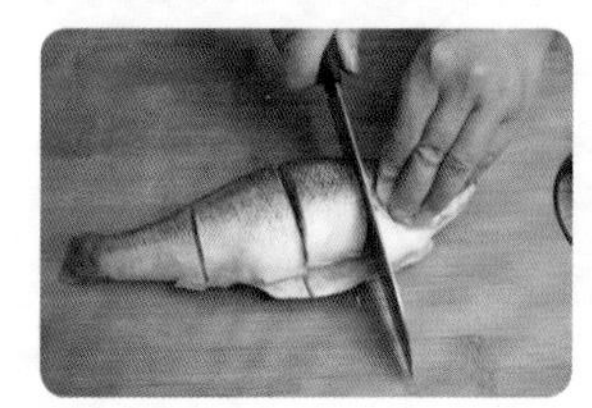

①鱼处理干净后，切成块。

②放入透气性比较强的食品袋中，放入蒸锅蒸 2 分钟，可保鲜两三天。

①清水中加适量盐。

②在鱼没有去鳞、水洗的情况下，放入盐水中浸泡，可保存数日不变质。

游刃有余地处理花刀

为了让鱼更好地入味，增强鱼的美观形态，不同的鱼类及不同的烹饪方法、腌制方式，使用的花刀都不同，做出来的口感、味道也有很大的区别。

斜一字形花刀

这是最常用的花刀方法之一，在鱼身两侧斜刀划入，刀深为鱼肉的 1/2，刀纹、刀距尽量保持一致，鱼背刀纹稍微深些，鱼腹刀纹要浅些。多适用于黄花鱼、鲤鱼、青鱼等，而且方便夹着调味料腌制，比较适合干烧鱼或红烧鱼的烹饪。正一字形花刀与此花刀方式相似。

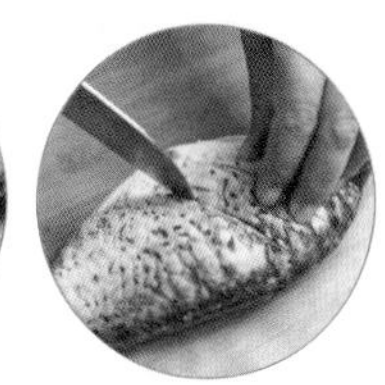

交叉十字花刀

在鱼身两面划交叉十字花刀，类似于网格的形状，体形较大的鱼类刀纹间距小、密一些，体形较小的鱼类刀纹间距大、疏一些，这样划出来的十字花刀才美观。多适用于青鱼、鳜鱼等，适合酱汁鱼、干烧鱼的烹饪。

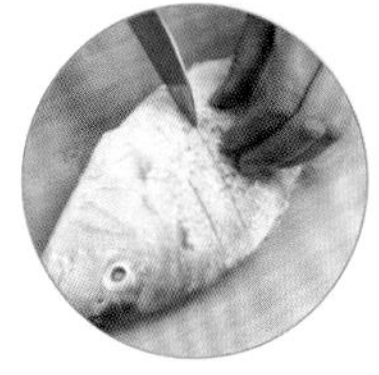

柳叶形花刀

在鱼身沿着鱼脊骨竖着划一刀，在竖刀纹的左右两侧，呈 35° 角依次划斜刀纹，划出柳叶的形状，刀深为鱼肉的 1/2。多适用于鲫鱼、胖头鱼等，适合汆、蒸的烹饪方式。

瓦片花刀

把鱼放平，从鱼头至鱼尾，刀与鱼身呈 45° 角，每隔 3 厘米斜刀切入，切至鱼骨的深度。多适用于鲈鱼、黄花鱼等，适合蒸、炸、炖的烹饪方式。

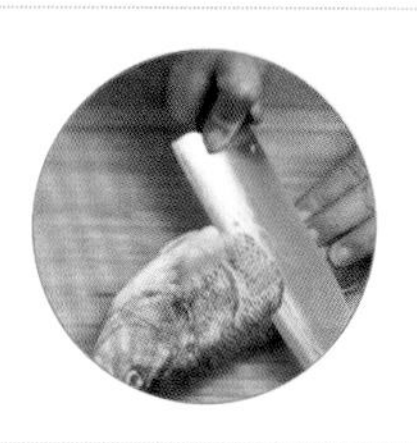

DIY 鱼泥制法

1. 需利用绞肉机、料理机、破壁机等。按照去鱼骨的方法将两排鱼肉切下，不需要对小鱼刺、鱼皮进行特殊处理，只去掉鱼头和鱼尾即可，放入方便快捷的烹饪工具中搅打几分钟成鱼泥，但需要放一些淀粉、面粉或鸡蛋来增加鱼泥的黏性。

2. 传统手工剁鱼泥。在没有方便快捷的烹饪工具之前，都是手工剁肉泥、鱼泥等，手剁的鱼泥虽然没有料理机打出来的细腻，但口感上更有韧性。先用刀背将鱼肉敲散，再用刀口将鱼肉翻来覆去地剁，要把细小的鱼刺都剁碎，期间要分多次加少许清水，能增加鱼泥的弹滑，还可以加姜末、葱末、料酒等调味品，为鱼泥提香。

3. 用勺子刮鱼泥。对于需要特别小心鱼骨、鱼刺的人，可以用这个方法。在片出两排鱼肉后，用勺子慢慢将鱼肉刮下，虽然有些麻烦，但这个方法能避免小鱼刺，之后再用刀剁碎或者放料理机中搅碎成鱼泥。

如何健康吃鱼

1. 海鱼与淡水鱼交叉吃，营养更均衡

海鱼、淡水鱼生长的环境不同，种类也不同，虽然两者的营养成分差不多，但并不等于营养元素完全一样。海鱼营养丰富，矿物质和维生素含量高，在营养价值和味道上比淡水鱼更胜一筹。但海鱼虽肉质鲜美，却需要冷藏运输，而淡水鱼对饲养的环境要求不高，所以吃起来比海鱼更新鲜，而且有些淡水鱼，例如鲫鱼，比海鱼更适合孕妇、产妇、儿童、老人食用。总之，海鱼和淡水鱼各有千秋。而长期单吃一种鱼类会导致营养失衡，所以要海鱼、淡水鱼交替吃为宜。

2. 不能单吃鱼肉，不进食其他肉类，否则营养失衡

鱼肉营养价值高，但并不是单独食用鱼肉就十全十美了，大多数鱼中的铁元素含量比不上牛羊肉，所以应该搭配其他肉类一起食用，鱼肉可略多一些。建议成人每周吃两次鱼，每次100~150克。

3. 鱼全身都是宝，不可“挑肥拣瘦”

常食鱼眼对促进眼睛的发育、保护视力有很好的作用。鱼脑营养价值丰富，含有可促进人脑细胞发育的卵磷脂，对智力发育有帮助。鱼卵味道鲜美，含卵清蛋白、球蛋白等人体所需的营养成分，有助于健脑、增强体质、乌发、焕发活力。常食鱼鳔可以润肺、止咳、美容养颜。鱼全身都是宝，能吃的都要吃，可以为身体提供更多营养。

4. 不能多吃鱼的几种人群

（1）痛风患者：鱼中含有嘌呤物质。痛风患者体内的嘌呤代谢发生紊乱，若再多吃鱼会加重病情。

（2）出血性疾病患者：患有血友病、血小板减少等出血性疾病的人群要少吃鱼。因为鱼中含有二十碳五烯酸，能抑制血小板凝聚，从而加重出血的症状。

（3）体质易过敏者：因吃海鲜、鱼类引起过皮肤过敏的人群要少吃鱼。鱼中含有丰富的蛋白质，摄入体内后会成为一种过敏原刺激过敏物质释放，导致一系列的过敏反应，引起身体不适。

（4）肝、肾功能损害者：鱼中含有较高的蛋白质，过多食用会加重肝、肾的代谢负担，引起其他疾病。

（5）急性期创伤者：身体有伤口的人群由于应激反应，可引起肠道功能减弱，不易消化高蛋白的食物，此时吃太多鱼，会给身体增加负担还会影响伤口愈合。

不同的人群要根据自身的体质和状况合理选择鱼的种类和控制摄入量，建议在医生的指导下科学地食用鱼类，避免因不当吃鱼加重病情。

比较常见的食用鱼

鲇鱼

鲇鱼主要生活在江河、湖泊、水库、坑塘的中下层，多在沿岸地带活动，属肉食性鱼类。其含有蛋白质和多种矿物质，特别适合体弱虚损、缺乏营养的人食用，一般采用蒸、炖、煮、烧等烹饪方式。

黄花鱼

又名“黄鱼”，分为大黄鱼和小黄鱼，食性较杂，身体肥美，肉质细嫩，有较好的食用价值。对身体虚弱的人来说，食用黄鱼会起到很好的食疗滋补效果。一般采用炸、炖、烧等烹饪方式。

黄辣丁

别称“昂刺鱼”，生长速度慢，对环境适应能力强，在静水和江河缓流中也能底栖生活。其肉质细嫩，味道鲜美，营养价值和经济价值很高。一般采用煲汤、烧制等烹饪方式。

三文鱼

学名为鲑鱼，是世界名贵鱼类之一，鳞小刺少、肉色橙红、细嫩鲜美、口感爽滑，可直接生食，又能做成精美菜肴，深受人们的喜爱，一般采用刺身、烤、煎、煮等烹饪方式。

胖头鱼

又名鳙鱼，是淡水鱼的一种，有“水中清道夫”的雅称。其生长在淡水湖泊、河流、水库、池塘里，分布在水域的中上层。其所含的营养物质对人体有提高智力、增强记忆的作用。胖头鱼肉质紧实细嫩，一般采用炖、烧等烹饪方式。

龙利鱼、巴沙鱼

两种鱼容易混淆，都是肉质白嫩、味道鲜美，爽滑刺少，耐煮无腥味。多以急冻整片鱼柳的形式出现，烹饪方式多种多样，一般采用蒸、煎、炸、烤、煮等烹饪方式，深受人们青睐。

鳜鱼

别称桂花鱼，鳞细小，体色青黄，带有不规则黑斑，因此得名桂花鱼。其喜欢在水流湍急、水质澄清的沙石底河流中生息。其肉质清甜鲜美、无细刺，一般采用焖、煮、炖等烹饪方式。

武昌鱼

我国主要淡水鱼类之一，喜欢在静水中生活，栖息在底质为淤泥、生长有沉水植物的中下层。武昌鱼肉质鲜嫩，营养丰富，一般人都可食用。一般采用清蒸、红烧、油焖等烹饪方式。

鲢鱼

又叫白鲢、水鲢、是容易养殖的鱼种之一，属于典型的滤食性鱼类，以浮游生物为食，性情活泼，喜欢跳跃，有逆流而上的习性，鳞片细小，肉质鲜嫩，一般适用于炖、煲、焖、烤等烹饪方式。

带鱼

带鱼的DHA和EPA含量高于淡水鱼，肉厚、刺少、无腥味，营养丰富，易于消化，胃口不好的人可以考虑在夏天多吃带鱼。一般采用炖、蒸、炸、烧、烤、干锅、火锅等烹饪方式，还可以做日式、西式料理。

鲈鱼

最常见的鲈鱼有四种，海鲈鱼、松江鲈鱼、大口黑鲈、河鲈，属于经济鱼类之一，以鱼、虾为食。鲈鱼可健脾胃、补身体，其肉质香嫩鲜美，适合以清蒸来保存营养价值。

青鱼

生长较快，通常栖息在水的中下层，喜食软体动物，如田螺、蚬、蚌等。青鱼肉质肥嫩，味鲜腴美，在冬季最为肥壮，一般采用炖、烧、炒、熏等烹饪方式。

草鱼

俗称鲩鱼、草鲩，栖息在平原地区的江河湖泊，喜在淡水的中下层和近岸多草区域生息，是典型的草食性鱼类。草鱼肉质肥嫩、新鲜适口，一般采用煲、烧、焖、炒等烹饪方式。

花斑鱼

别称“花老虎”，属肉食性淡水鱼类，身体呈银蓝灰色，喜欢栖息在高度优养化的水质中，既是观赏鱼也是食用鱼，一般采用蒸、炸、焖等烹饪方式。

鲤鱼

又称“鲤拐子”、“鲤子”，属于栖底杂食性鱼类，喜欢栖息在平静、水草繁茂的水库、池塘、河流、湖泊中，其肉香味美，鱼鳞较大，吃起来方便，营养价值高，一般采用炸、炖、煲、烧等烹饪方式。

九肚鱼

又名“龙头鱼”，呈灰或褐色，有斑点，胸鳍和腹鳍较大，身体肌肉柔软嫩滑，一般采用炸、煮等烹饪方式。

鲅鱼

也叫“马鲛鱼”，其牙齿锋利，游泳迅速，性情凶猛，体色银亮。食用鲅鱼分为“鲐鲅”和“燕鲅”，肉质坚实，味道鲜美，一般采用煎、烧、炝、焖、熏等烹饪方式。

秋刀鱼

别名“竹刀鱼”，是日本料理中常用的秋季食材之一。其体形纤细，肉质紧实，含丰富蛋白质和脂肪，适合盐烤、香煎、红烧、蜜汁、椒盐等烹饪方式。

鲷鱼

别称“加吉鱼”、“班加吉”等，为深水底层海鱼，通体白中略带粉红，肉质细嫩、味道鲜美，有健脾养胃的食疗作用，一般采用烧、炖、蒸、酱等烹饪方式。

金枪鱼

又称“鲔鱼”、“吞拿鱼”，种类很多，因肌肉中含有大量的肌红蛋白，所以肉质呈红色，游泳速度快，生长在暖水海域，肉质爽滑鲜嫩，一般采用刺身、煎、煮、烤、沙拉等烹饪方式。

鳗鱼

别名“白鳝”，一般产于咸淡水交界海域，喜欢在清洁的水域中栖身，生长速度快，色泽乌黑，肉质肥美可口，鲜嫩香滑，一般采用烧、烤等烹饪方式。

鮰鱼

又名“江团”，属肉食性底层鱼类，分布以长江水系为主，体表光滑无鳞，鱼鳔肥厚，可加工成珍贵的花胶，一般采用蒸、炖等烹饪方式。

鲫鱼

常见淡水鱼，栖息在池塘、湖泊、河流等淡水水域，属于以植物为主的杂食性鱼类，食用价值和药用价值很高，其体态丰腴，嫩滑肥美，适用于煲汤，味道很鲜，还有助于滋补。

鳕鱼

被称为“餐桌上的营养师”，其种类很多，属冷水性底栖鱼类，是重要的经济鱼类之一，肉质清淡爽口，简便易做，一般采用蒸、熏、煮、腌制、煎、烤等烹饪方式。

青占鱼

是我国经济鱼类之一，生长快、产量高，肉质紧实，富含多种营养元素，可新鲜食用，也可晒干、加工成罐头食用，风味鲜美，深受人们喜爱。

银鱼

银鱼因细嫩透明、色泽如银而得名。银鱼分大银鱼和小银鱼，小银鱼的营养含量比大银鱼要高，常食银鱼有助于增强身体免疫力，一般采用煮、蒸、炒、炸、煎等烹饪方式。

鲟鱼

又称“中华鲟”，是一种大型洄游性鱼类，食性狭窄，以肉食为主。其脂肪及蛋白质含量高，可做成上等佳肴，一般采用炖、烧等烹饪方式。

黑鱼

黑鱼又叫“乌鱼”，个体大、生长快，适应能力很强，还可以在陆地滑行。其刺少肉多，蛋白质含量比鸡肉、牛肉要高，一般采用蒸、烧、炖、煨等烹饪方式。

鲮鱼

鲮鱼是暖水性鱼类，喜欢舔刮水底泥土表面生长的藻类，以植物为主要食料。鲮鱼含有多种微量元素，肉质鲜美，一般用来做罐头或采用炖、烧等烹饪方式。

舌鳎鱼

别名“踏板鱼”，是海洋名贵经济鱼类之一。其头部较短，两眼分布在头的左侧，口下位，肉质细腻味美，以夏汛之期较肥美，可加工成咸干品，还特别适合红烧烹饪。

多宝鱼

多宝鱼主要以底栖无脊椎动物和鱼类为食，喜欢栖息在浅海的沙质海底，身体扁平，皮下与鳍边有丰富的胶质，肉质白嫩鲜香，一般的烹饪方法是整条清蒸。

马步鱼

因嘴部很尖，呈针型，又称“针鱼”，以细小的藻类碎片和浮游生物为食，生长周期短，繁殖能力快，肉质鲜甜有韧性，一般采用煎、烤等烹饪方式，或做成咸干品。

有鱼的菜肴才香

1

CHAPTER

爱鱼者省钱小妙招

香辣烤鱼

110分钟 高级

特色

在外面吃烤鱼不便宜，多吃几次钱包都瘪了。几十块钱买条鱼回家，多种调味品腌制入味，再丢进烤箱加点配菜，自己会做了，既过嘴瘾又省银子。

主料

鲇鱼 1 条

辅料

高汤 150 毫升	花椒粒 5 克
藕 40 克	麻椒粒 5 克
平菇 100 克	辣椒面 1 茶匙
青笋 100 克	郫县豆瓣酱 40 克
土豆 80 克	孜然粉 1/2 茶匙
洋葱 80 克	五香粉 1/2 茶匙
香菜 2 根	香叶 2 片
油炸花生米 20 克	酱油 2 汤匙
姜 5 克	料酒 2 汤匙
大葱 50 克	橄榄油 3 汤匙
蒜 8 瓣	盐适量
干辣椒 10 根	

做法

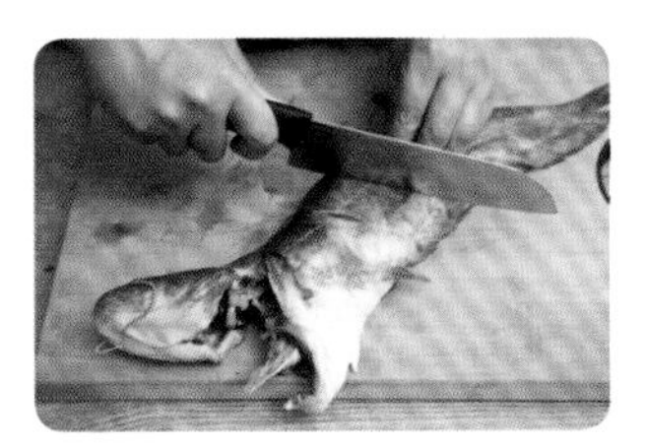

❶ 鲇鱼处理干净、洗净，用厨房纸吸干水分，用刀在两面划斜一字花刀，将鱼分成两半，鱼背相连。

❷ 在鱼身两面淋入酱油、料酒，撒入花椒粒、麻椒粒、辣椒面、孜然粉、五香粉、适量盐，涂抹均匀，腌制 20 分钟。

❸ 藕、青笋、土豆去皮、洗净、切片；平菇洗净、撕小块；洋葱去皮、切丝；香菜去根、洗净、切段；姜、蒜去皮、切片；大葱去皮、切段；干辣椒切圈。

❹ 烤盘上垫好锡纸，将腌好的鲇鱼及调味品一同放在锡纸上，在鱼皮上刷一层橄榄油，锡纸包紧，放入预热好的烤箱中层，上下火 200℃烤 20 分钟。

❺ 炒锅中倒入 2 汤匙橄榄油烧至六成热时，下入姜片、蒜片、大葱段、香叶爆香，放入郫县豆瓣酱炒至出红油，加入高汤煮开。

❻ 随后下入藕片、平菇、青笋片、土豆片、洋葱丝煮至断生，待汤汁熬煮至浓稠。

❼ 烤箱中取出烤鱼，炒好的配菜及汤汁浇到鲇鱼身上，放回烤箱中上下火 200℃继续烤 20 分钟。

❽ 将油炸花生米撒在烤鱼上，剩余的橄榄油放入干辣椒圈一同加热，烧至八成热时淋在烤鱼身上，随后撒入香菜段调味即可。

烹饪秘笈

1. 先在锡纸上刷一层橄榄油，再放入腌好的鱼，防止烤焦粘在锡纸上。
2. 烤鱼第一次取出后可以刷一层橄榄油，再浇入配菜及汤汁，鱼皮口感更焦脆。
3. 腌制好的鱼如果汤汁偏多，要把汤汁倒出来。
4. 根据自己的喜好可以更换不同的配菜。
5. 在烤鱼吃完后，在剩下的鱼渣和鱼骨中加入高汤煮开，还可以涮火锅。
6. 做烤鱼时，可以搭配多种不同的蔬菜，能为身体提供更多的营养成分。
7. 鲇鱼味道鲜美但土腥味浓重，要着重清理洗刷表层黏黏的胶质，避免腥味太重影响食欲。

多备几条才够吃

五豆烧黄花鱼

80分钟　中级

特色

浓浓的豆香稀释了部分鱼腥味，鱼肉吸饱了豆汤汁，再加上调味料的辛香，增添了多重香气。做的时候一定要多准备几条鱼，不然不够吃。

主料

黄花鱼 2 条（约 900 克）

辅料

黑豆 25 克	香叶 2 片
黄豆 25 克	生抽 4 汤匙
白芸豆 30 克	米醋 1 汤匙
红豆 25 克	料酒 4 汤匙
绿豆 25 克	五香粉 1/2 茶匙
姜 3 克	橄榄油 2 汤匙
大葱 50 克	白糖 1/2 茶匙
蒜 8 瓣	盐适量
香菜 1 根	
八角 2 个	
花椒粒 1/2 茶匙	

烹饪秘笈

1. 五豆提前用高压锅烹煮一下，口感更软烂也容易入味，炖煮的高汤用来烧鱼味道很浓郁。
2. 黄花鱼含有动物蛋白，豆类含有植物蛋白，搭配在一起吃不仅醇香美味，而且营养健康。
3. 豆类可根据自己喜好随意调节。
4. 五豆和黄花鱼搭配在一起煲汤也是不错的选择。
5. 调味时淋点米醋能大大提升整道菜的香气，还可以增加食欲。
6. 黄花鱼的鱼鳞要刮净，重点是剖腹洗净。如果不剖腹，可以用筷子从鱼嘴插入鱼腹，夹住鱼内脏后转搅几下，拉拽出再冲净即可。

做法

❶ 五豆洗净，提前隔夜浸泡。

❷ 五豆放入高压锅中，加入适量清水，炖至软烂，五豆及汤汁备用。

❸ 黄花鱼洗净，在鱼身两面划斜一字形花刀，加入生抽、料酒各 1 汤匙，撒入五香粉和适量盐，两面涂抹均匀，腌制 20 分钟。

❹ 姜、蒜去皮、切片；大葱去皮、切段；香菜去皮、切碎。

❺ 炒锅中倒入橄榄油，烧至五成热时加入姜片、蒜片、大葱段、八角、花椒粒、香叶炒香。

❻ 随后放入腌好的黄花鱼，中火煎至两面金黄。

❼ 再倒入五豆及汤汁，加入白糖和适量盐，倒入剩余生抽、料酒，大火煮开后转中火炖煮 15 分钟，再转大火收汁。

❽ 待汤汁浓稠时淋入米醋、撒入香菜碎调味即可。

醇厚香浓又鲜美

腐竹菌菇焖鱼煲

60分钟　　低级

特色

再不愿意吃菌菇的人，尝了这道菜也忍不住狼吞虎咽。和黄辣丁炖煮在一起，蘑菇浸润了鱼的鲜美，同时保留了菌菇有韧劲的口感，味道醇厚香浓，百吃不厌，做好一锅很快就被瓜分完毕！

主料

黄辣丁 3 条（900 克）

辅料

干腐竹 35 克
干香菇 10 克
干茶树菇 10 克
干姬松茸 10 克
姜 3 克
大葱 40 克
蒜 6 瓣
蒜蓉酱 30 克
红小米椒 2 根
青小米椒 2 根
香葱 1 根
八角 2 个
花椒粒 5 克
生抽 3 汤匙
料酒 4 汤匙
淀粉 1/2 茶匙
橄榄油 3 汤匙
盐适量

烹饪秘笈

1. 黄辣丁无鳞，肉质细嫩，煎出香味即可，不要来回翻滚，否则很容易弄碎。
2. 清理黄辣丁时，可以用 70~80℃的热水浇在鱼身上，不仅能洗掉表层黏液，还能去除部分腥味。
3. 鱼肉营养价值高，且食用不易发胖，菌菇和鱼肉炖在一起，特别能提鲜。

做法

❶ 干腐竹、干香菇、干茶树菇、干姬松茸分别隔夜浸泡，泡发后洗净。腐竹切段，三种菌菇去根。

❷ 黄辣丁去鳃、去内脏，洗净，倒入生抽、料酒各 1 汤匙，加淀粉和适量盐涂抹均匀，腌制 20 分钟。

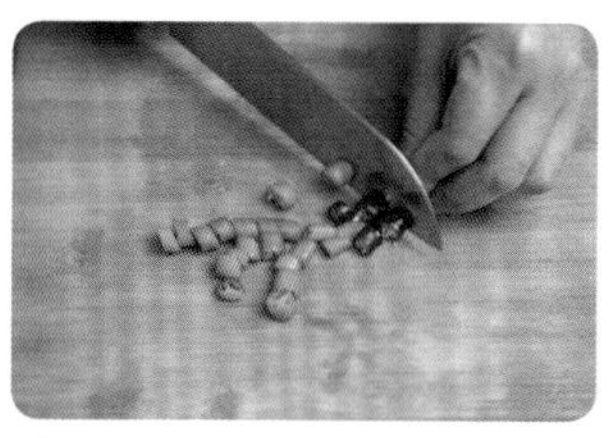

❸ 姜去皮、切片；蒜去皮；大葱去皮、切段；青、红小米椒洗净，去蒂、切圈；香葱去根，洗净、切碎。

❹ 砂锅中倒入橄榄油，烧至五成热时放入姜片、蒜瓣、大葱段、八角、花椒粒炒香，随后下入蒜蓉酱继续翻炒出香味。

❺ 再放入腌好的黄辣丁煎香，倒入适量的清水，大火煮开。

❻ 随后放入腐竹段和三种菌菇，倒入剩余生抽、料酒，加适量盐，转中小火炖煮 25 分钟。

❼ 接着转大火收汁，待汤汁浓稠时加入青、红小米椒圈调味。

❽ 出锅前撒入香葱碎点缀即可。

特色

鲜美的三文鱼上覆盖了醇香的奶酪碎，夹一口，拉起长长的丝，鱼香和奶香充斥在嘴里，吃一口，回味无穷。

主料

三文鱼 500 克

辅料

黄柠檬 2 个
马苏里拉奶酪碎 80 克
现磨黑胡椒碎 1 克
香草盐适量
蛋黄酱 2 茶匙
欧芹碎少许

做法

❶ 一个黄柠檬挤出柠檬汁，另一个黄柠檬洗净，切成厚约 2 毫米的片。

❷ 三文鱼切成均等的两份，分别淋入柠檬汁，撒适量香草盐腌制 10 分钟。

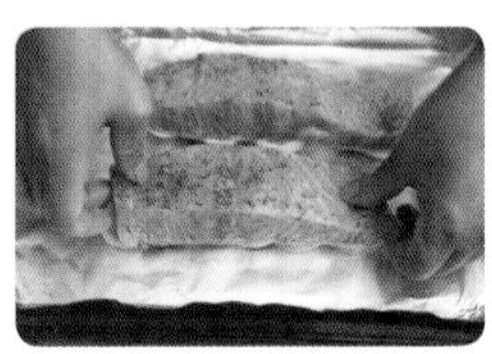

❸ 烤盘上垫好锡纸，上下两排摆好柠檬片，将腌好的三文鱼放在柠檬片上，在 2 块三文鱼上各均匀涂抹 1 茶匙蛋黄酱。

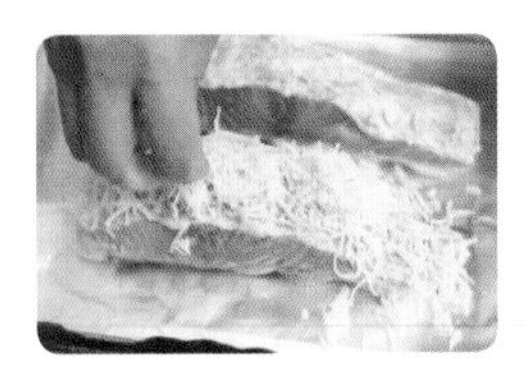

❹ 将马苏里拉奶酪碎分成均等的两份，均匀铺在三文鱼上的蛋黄酱上。

❺ 三文鱼包紧锡纸，放入预热好的烤箱中层，上下火 200℃烤 20 分钟。

❻ 取出三文鱼后磨入黑胡椒碎，撒入欧芹碎即可。

烹饪秘笈

1. 为保持三文鱼的新鲜度，腌制时可以包好保鲜膜放入冰箱内。
2. 焗好的三文鱼可以直接吃，还可以蘸着寿司酱油吃，口感也不错。
3. 柠檬汁有助于去除腥味、缓解油腻，其较强的酸味和清香味还能增强食欲。

特色

大家往往只记得三文鱼鱼肉的香美，忽略了三文鱼鱼头的存在。将三文鱼鱼头提前腌进黑胡椒的香气和适宜的咸度，烤制时再吸饱柠檬的酸爽，撒点孜然粉，从此让你念念不忘的不再是三文鱼刺身，而是烤三文鱼鱼头。

主料

三文鱼鱼头 1 个

辅料

黄柠檬 1 个
黑胡椒粉 1/2 茶匙
孜然粉 1/2 茶匙
香草盐适量
橄榄油适量
熟白芝麻 1 克

用它叫醒味蕾

香烤柠檬三文鱼头

90 分钟　低级

烹饪秘笈

1. 在揉搓按摩鱼肉时要注意不要被鱼头的鱼骨扎到。
2. 若感觉腌制三文鱼鱼头的咸味不足，可在烘烤第一次取出后再撒入适量的盐。
3. 清理三文鱼鱼头时，可以先在三文鱼鱼头上撒些盐，再用醋浸泡一段时间，以便去腥，还能更好地去除上面的杂质。

做法

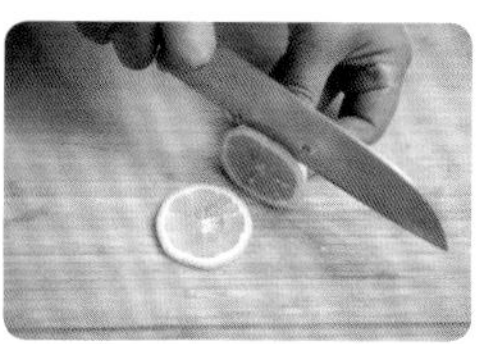

❶ 黄柠檬洗净，对半切开，挤出柠檬汁，再将剩余的柠檬切成厚约 2 毫米的片。

❷ 三文鱼鱼头洗净，对半切开，用厨房纸吸干水分，淋入柠檬汁，撒入黑胡椒粉和适量香草盐，揉搓按摩后腌制 40 分钟。

❸ 烤盘上垫好锡纸，底层并排铺 2 层柠檬片，将腌好的三文鱼鱼头放在柠檬片上，再刷一层橄榄油。

❹ 放入预热好的烤箱中层，200℃上下火烤 20 分钟，取出。

❺ 在三文鱼鱼头上再刷一层橄榄油，均匀撒入孜然粉，放入烤箱中层 180℃上下火烤 15 分钟。

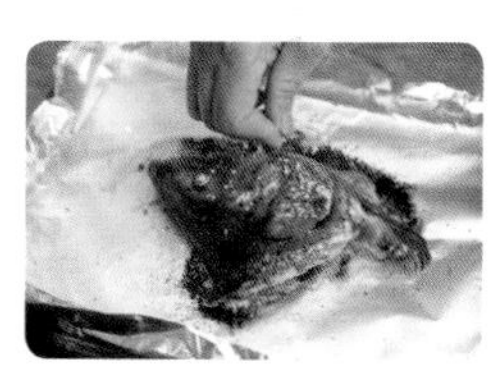

❻ 在烤好后的三文鱼鱼头上均匀地撒上熟白芝麻调味即可。

爱吃火锅在家做

香辣鱼头火锅

50分钟　低级

特色

这道火锅一上桌，满屋飘香，吃起来鲜滑爽口。先将鱼头翻炒出香，再加调味品和几种蔬菜熬成汤底，开锅后随便下些肉类、海鲜类、蔬菜类等，都超级满足。

主料

鱼头（胖头鱼）1个

辅料

郫县豆瓣酱 45 克
干辣椒 10 根
姜 5 克
大葱 50 克
蒜 10 瓣
花椒粒 15 克
八角 2 颗
桂皮 5 克
酱油 3 汤匙
料酒 5 汤匙
干香菇 3 个
胡椒粉 1/2 茶匙
白萝卜 50 克
青笋 50 克
白糖 1 茶匙
橄榄油 3 汤匙
盐适量

烹饪秘笈

1. 可以多选几种自己喜欢的配菜放在火锅底部，避免煳锅还可以更入味。
2. 胡椒粒、八角这类的调味品可以放在调料盒中，后放入锅中。
3. 火锅煮好后可以随意放自己喜欢的蔬菜、鱼类及肉类等。
4. 鱼肉先放入调味品中煎香，能去除部分鱼腥味，还能让鱼头更好入味，熬煮的汤汁更浓郁。
5. 鱼火锅鲜、辣、香，口感鲜美滑嫩，刺激味蕾，提高食欲，还能容纳多种涮菜，营养美味。

做法

❶ 鱼头洗净，分成两半，倒入2汤匙料酒，加胡椒粉和适量盐涂抹均匀，腌制20分钟。

❷ 干辣椒去蒂、切段；姜去皮、切片；蒜去皮；大葱去皮、切段。

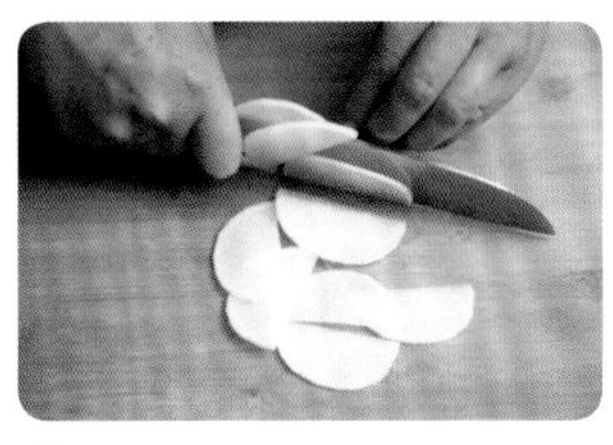

❸ 干香菇泡发、洗净；白萝卜去皮、切片；青笋去皮、斜刀切片。

❹ 炒锅中倒入橄榄油，烧至五成热时下入姜片、蒜瓣、大葱段、花椒粒、八角、桂皮炒香，再放入腌好的鱼头煎至两面微黄。

❺ 随后放入郫县豆瓣酱和干辣椒段炒出红油，倒入酱油、剩余料酒，再加入适量清水大火煮开。

❻ 在火锅的底部铺好白萝卜片、青笋片，再将炒锅内煮好的鱼头、鱼汤及调味品一同倒入火锅内。

❼ 再放入白糖和少许盐搅匀调味，放入香菇，火锅开中火来熬煮，煮至汤汁出香味就可以下入其他蔬菜、肉类了。

吃鱼专利

五色炒鱼

40 分钟　　低级

特色

五种不同颜色的蔬菜搭配在一起，既有美食也有美色，再下入鲜嫩香美的龙利鱼，营养全面丰富，口味清淡健康，绝对俘获人心。

主料

龙利鱼 450 克

辅料

胡萝卜半根
山药 80 克
青笋 80 克
干木耳 3 克
熟玉米粒 25 克
生抽 4 汤匙
料酒 4 汤匙
淀粉 1/2 茶匙
姜 3 克
蒜 3 瓣
香葱 1 根
八角 2 个
胡椒粉 2 克
橄榄油 4 汤匙
盐适量

烹饪秘笈

龙利鱼肉质细嫩，不要用力频繁翻炒，避免散碎，影响菜品美观度。

做法

❶ 龙利鱼解冻、洗净，用厨房纸吸干水分，切成约 3 厘米见方的块，加生抽、料酒各 2 汤匙，以及胡椒粉、淀粉、适量盐抓匀，腌制 30 分钟。

❷ 干木耳提前 1 小时泡发，洗净；胡萝卜、山药、青笋去皮、洗净，切成 2 厘米见方的块。

❸ 姜去皮、切末；蒜去皮、切片；香葱去根、洗净、切碎。

❹ 炒锅中倒入 2 汤匙橄榄油，烧至五成热时，放入腌好的龙利鱼块，中火炒至微黄盛出。

❺ 另起炒锅倒入剩余橄榄油，烧至五成热时，下入姜末、蒜片、八角炒香，随后放入胡萝卜块、山药块、青笋块翻炒。

❻ 再放入木耳、熟玉米粒，中火翻炒 5 分钟。

❼ 放入炒好的龙利鱼块，倒入剩余生抽、料酒、适量盐炒匀，撒入香葱碎调味即可。

清脆与酥脆的双重结合

香梨咕咾鱼

45 分钟　低级

特色

香梨爽脆清甜，龙利鱼酥脆酸甜，香梨可以缓解龙利鱼经过油炸带来的油腻感。富含维生素的水果和富含蛋白质的鱼组合，帮你补满元气！

主料

龙利鱼 400 克
香梨 3 个

辅料

鸡蛋 1 个
番茄酱 30 克
料酒 2 汤匙
白醋 2 汤匙
白糖 1/2 茶匙
胡椒粉 1/2 茶匙
淀粉 2 茶匙
熟白芝麻 1 克
玉米油 200 毫升
盐适量

做法

❶ 龙利鱼解冻洗净，切成约 3 厘米见方的块，磕入鸡蛋，加胡椒粉、料酒、适量盐抓匀，腌制 20 分钟。

❷ 香梨洗净，切成约 2 厘米见方的块，浸泡在淡盐水中，使用前沥干水分。

❸ 将 1 茶匙淀粉倒入鱼块中，使其均匀裹满淀粉。

❹ 锅中倒入玉米油，烧至五成热时，倒入裹满淀粉的龙利鱼块，中火炸至酥脆捞出。

❺ 番茄酱、白醋、白糖、剩余淀粉、少许盐，再加适量清水调成番茄酱汁。

❻ 将酱汁倒入另一锅中，开中火熬煮浓稠，随后倒入炸好的龙利鱼块和香梨块，迅速翻拌均匀，出锅前撒上熟白芝麻即可。

烹饪秘笈

1. 龙利鱼腌制前要用厨房纸吸干水分，避免水分溶解掉盐分和调味品，导致不易入味。
2. 第一次炸鱼是要把鱼块中的水分逼出，捞出后放入无水的碗中稍微晾一会儿，再进行第二次复炸，利用高油温使鱼块更酥脆。第一次炸不适宜用高油温，否则很快变焦，而且鱼中的水分来不及析出，影响口感。

特色

选用现成的火焙小干鱼方便快捷，放点干豆豉和调味品翻炒一下增加鲜香，直接下饭或者佐粥都很美味。

主料

火焙小干鱼 250 克

辅料

干豆豉 20 克
红米椒 5 根
青米椒 5 根
姜 2 克
蒜 3 瓣
料酒 2 汤匙
生抽 2 汤匙
橄榄油 3 汤匙
白糖适量

香酥可口 豆豉火焙鱼

⏳ 20 分钟　低级

烹饪秘笈

1. 干豆豉、生抽、火焙小干鱼本身都有咸味，不用再放盐。
2. 火焙小干鱼可以先放入油锅中，利用油温逼出火焙鱼中多余的水分，方能煎得干香、口感更脆。

做法

❶ 红、青米椒洗净，去蒂、切圈。

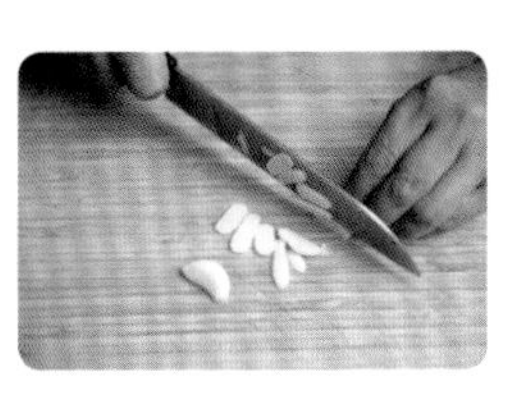

❷ 姜去皮、切丝；蒜去皮、切片。

❸ 炒锅中倒入橄榄油，烧至五成热时放入姜丝、蒜片炒香。

❹ 随后下入干豆豉和红、青米椒圈，中火翻炒 1 分钟。

❺ 接着放入火焙小干鱼，倒入料酒、生抽，中火翻炒 2 分钟。

❻ 出锅前加白糖炒匀调味即可。

换种做法变换风味

番茄文蛤水煮鱼

60分钟　中级

特色

说到水煮鱼，就会想到川菜里热油浇的水煮鱼，虽说好吃，多少有些油腻。这道菜回归健康，先将鳜鱼煎一下，再用文蛤的鲜美和番茄的酸爽来提鲜，放些调味品，又是另一种风味的水煮鱼。

主料

鳜鱼 1 条
文蛤 250 克
番茄 2 个

辅料

黑橄榄 15 克
姜 3 克
蒜 6 瓣
香菜 1 根
黑胡椒粉 1/2 茶匙
蚝油 2 汤匙
料酒 2 汤匙
橄榄油 3 汤匙
盐适量

烹饪秘笈

1. 文蛤放入锅中开口即熟，不要炖煮太久，否则肉质容易变老而且影响鲜美度。
2. 番茄可以多放一些，用天然的番茄汤汁来调味，不仅可以提鲜，还能去除鳜鱼的部分腥味，而且还为这道菜提供了多种维生素。

做法

❶ 文蛤提前半天浸泡在清水中吐净泥沙，使用前冲洗干净。

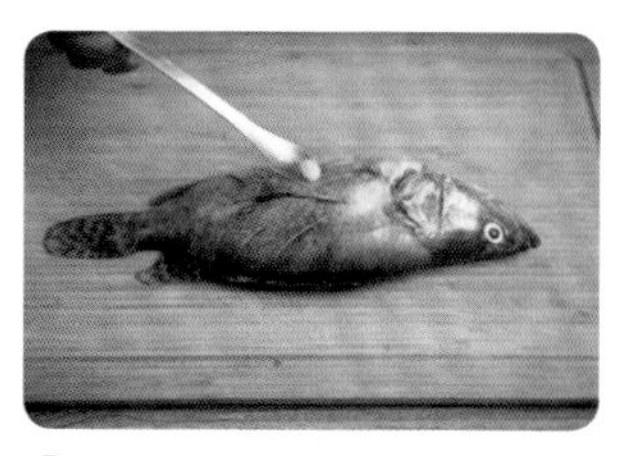

❷ 鳜鱼去鳍、去内脏，洗净，用厨房纸吸干水分，在鱼身两面划柳叶形花刀，撒入黑胡椒粉和适量盐腌制 20 分钟。

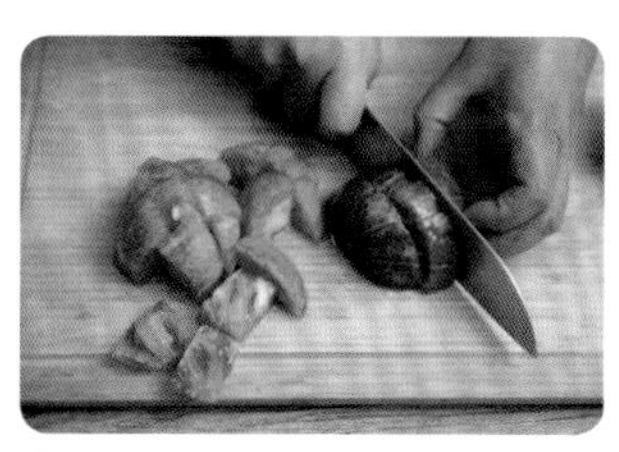

❸ 番茄洗净，顶部划十字，开水烫一下，去皮，切成 3 厘米见方的块。

❹ 姜去皮、切片；蒜去皮、拍扁；香菜去根、洗净、切碎。

❺ 平底锅中倒入橄榄油，烧至五成热时，放入姜片、蒜瓣炒香，再放入腌好的鳜鱼煎至两面金黄。

❻ 下入番茄块、黑橄榄，加少许盐，倒入料酒、蚝油和适量开水，中火炖煮 25 分钟。

❼ 随后放入文蛤，炖煮 5 分钟，盛出鳜鱼和文蛤，放在较大的容器中。

❽ 锅中的汤汁转大火熬煮至浓稠，浇在鳜鱼身上，再撒入香菜碎调味即可。

湖北风味佳肴

清蒸武昌鱼

45 分钟　低级

特色

吃了这么多年的鱼，还是清蒸的最鲜美。挑选一条新鲜的武昌鱼，先腌制去腥，再大火蒸熟，口感滑嫩，清香鲜美。

主料

武昌鱼 1 条

辅料

姜 3 克
大葱 40 克
料酒 2 汤匙
香菜 1 根
蒸鱼豉油 3 汤匙
盐适量

做法

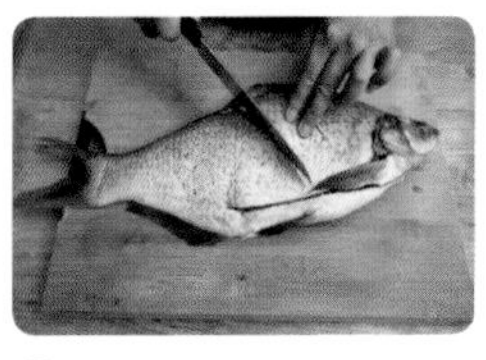

❶ 武昌鱼去鳞鳃和内脏后洗净，用厨房纸吸干水分，在鱼身两侧划斜一字刀。

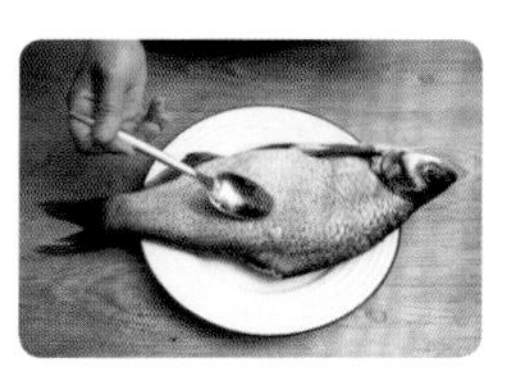

❷ 在鱼身和鱼腹内分别淋入料酒，抹上适量盐，腌制 20 分钟。

❸ 姜去皮、切丝；大葱去皮、切丝；香菜去根、洗净、切碎。

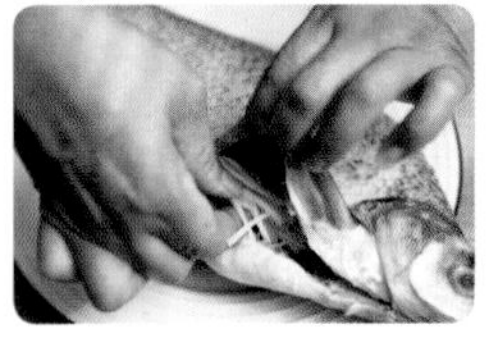

❹ 在蒸鱼的盘子底部铺 1/2 姜丝和 1/3 葱丝，将武昌鱼放在盘里中，在鱼腹里填上 1/2 姜丝和 1/3 葱丝。

❺ 蒸锅中加适量开水煮开，把武昌鱼放入蒸锅中，大火蒸 8 分钟，关火后再虚蒸 2 分钟。

❻ 蒸好的鱼均匀淋入蒸鱼豉油，撒上香菜碎和剩余葱丝调味即可。

烹饪秘笈

1. 先烧开水再放鱼，通过蒸汽迅速锁住鱼的鲜美，蒸出来的鱼口感鲜嫩。若冷水入锅，不太好把控时间，容易导致鱼肉变老。
2. 蒸鱼期间要保持大火，水蒸气的热量比开水的热量大，所以蒸鱼的时间不要超过 10 分钟，当然根据鱼的大小种类不同，蒸鱼时间要根据实际情况调整。
3. 蒸鱼时可以放入少许高汤和香菇、冬笋这类的蔬菜，更能提鲜。

特色

只是亲手打出来的鱼泥就已远远惊艳了味蕾，再搅入鲜美的猪肉糜，浇上无法抗拒的咖喱汁，用牙签扎一个吃一个，好吃得根本停不下来。

主料

鲢鱼 700 克

辅料

猪肉糜 150 克
鸡蛋 1 个
淀粉 5 克
料酒 2 汤匙
胡椒粉 1/2 茶匙
姜 2 克
咖喱块 60 克
紫洋葱 30 克
盐适量

亲手打的鱼丸超出期待
咖喱鱼丸

60 分钟　中级

烹饪秘笈

1. 鱼泥中加入一些猪肉糜，做出来的鱼丸又香又鲜，猪肉糜搅拌上劲能增加鱼丸的弹性，其肥肉也能提升鱼丸的香气。
2. 鱼肉很吸水，打鱼丸时要分多次加水，做出来的鱼丸嫩而不柴。
3. 挤出的鱼丸尽量光滑圆润一些，看起来更美观。

做法

❶ 鲢鱼洗净，去掉鱼头、鱼尾、鱼皮，剔掉鱼骨，片成鱼条，切成小块。

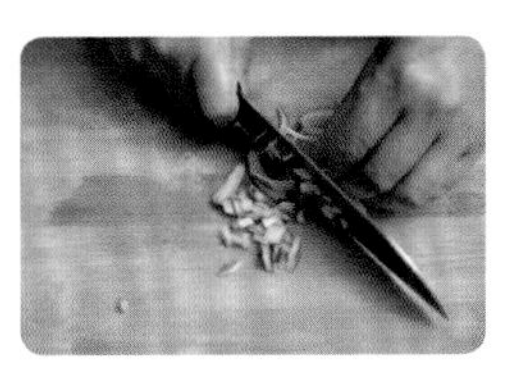

❷ 姜去皮、切片；紫洋葱去皮、切碎。

❸ 鲢鱼块、猪肉糜、姜片一同放入料理机中打成细腻的鱼泥。

❹ 鱼泥中磕入鸡蛋，加入淀粉、胡椒粉、盐、料酒，分多次加入适量清水，顺时针搅拌上劲。

❺ 中小火烧一锅冷水，左手虎口处挤出鱼丸，右手拿勺接住鱼丸放入锅中，鱼丸全部挤完后调大火煮熟，捞出盛入盘中。

❻ 咖喱块放在小锅中，加适量清水煮开至咖喱汤汁浓稠，加入紫洋葱碎搅匀，随后浇在鱼丸上即可。

麻香辣充斥着口腔

麻香锡纸带鱼

60 分钟　　低级

特色

在吃过锡纸鱼的基础上将带鱼改良做法，提前腌制去腥入味，用郫县豆瓣酱涂抹均匀，随其他调味料一同丢进烤箱，省时省力，也不用时刻守候在锅边，吃进嘴中满口都是惊喜。

主料

带鱼段 600 克

辅料

麻椒粒 10 克
麻椒粉 5 克
郫县豆瓣酱 10 克
蒜 10 瓣
姜 3 克
红米椒 3 根
料酒 3 汤匙
生抽 3 汤匙
白糖 1/2 茶匙
熟白芝麻 1 克
盐适量

腌带鱼时，在带鱼两面各划一刀，以便调味品能更好地渗入带鱼肉中，不仅可以去腥，还能更好地入味，做出来的带鱼味道更鲜香。

做法

❶ 带鱼清除内脏、清洗干净，加料酒、生抽、麻椒粉、白糖、盐拌匀，腌制 20 分钟。

❷ 蒜去皮，切片；姜去皮、切片；红米椒洗净，去蒂、切圈。

❸ 烤盘上铺好锡纸，在锡纸上摆一层姜片、蒜瓣。

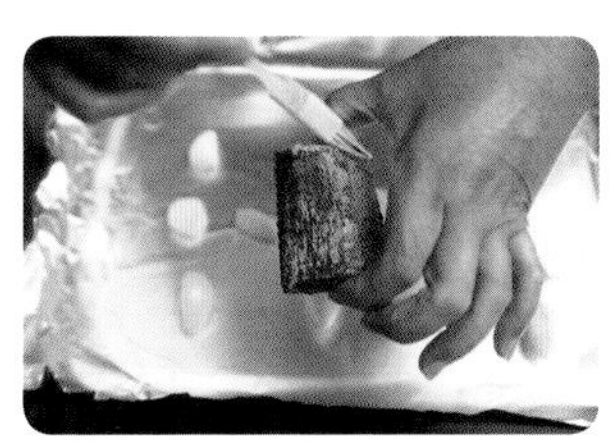

❹ 将腌好的每块带鱼两面均涂好郫县豆瓣酱，放在姜片、蒜片上。

❺ 随后撒入麻椒粒、红米椒圈，包好锡纸。

❻ 放入预热好的烤箱中层，上下火 200℃烤 30 分钟，取出后撒上熟白芝麻即可。

颜值与美味并存

孔雀开屏鱼

60 分钟　高级

特色

这么漂亮的一盘鱼都不忍心下口，但它的鲜美让你所有的不忍心都抛诸脑后，只想闷着头一口接一口地吃光。

主料

鲈鱼 1 条

辅料

姜 3 克
大葱 40 克
胡萝卜 1 根
红米椒 2 根
青米椒 2 根
料酒 2 汤匙
生抽 2 汤匙
蒸鱼豉油 3 汤匙
橄榄油 2 汤匙

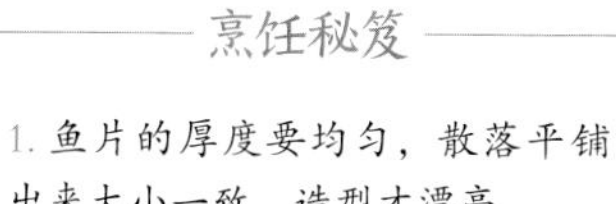

烹饪秘笈

1. 鱼片的厚度要均匀，散落平铺出来大小一致，造型才漂亮。
2. 可以留少部分的青、红米椒圈在鱼蒸熟后再点缀，颜色更漂亮。
3. 在烧热油时可以撒入几颗花椒粒，增添油的香气，把油浇在鱼身后再拣出花椒粒，避免影响美观。

做法

❶ 鲈鱼去鳞、去鳍、去内脏，洗净，用厨房纸吸干水分，切下鱼头和鱼尾。

❷ 将鱼身部分沿着鱼背切成厚约 8 毫米的片，保持鱼腹相连。

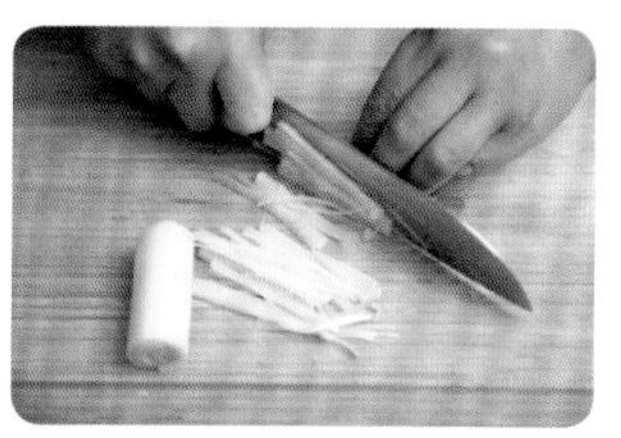

❸ 姜去皮、切丝；大葱去皮、切丝；胡萝卜去皮，洗净，斜刀切片；红、青米椒洗净，去蒂、切圈。

❹ 切好的鱼身淋入料酒、生抽，取姜丝、大葱丝各半夹杂在鱼片中，翻拌涂抹均匀，腌制 20 分钟。

❺ 腌好的鱼身去除腌料，将剩余的姜丝、大葱丝垫在盘底，鱼身摆入盘中，放上鱼头和鱼尾，摆出孔雀的造型。

❻ 每个鱼片中间摆一片胡萝卜，胡萝卜片上点缀青米椒圈，剩余的红米椒圈随意装饰在鱼身上。

❼ 蒸锅中烧开水，把鱼放入蒸锅中蒸 7 分钟，关火后继续闷 2 分钟。

❽ 橄榄油烧热，浇在鱼身上，再均匀淋入蒸鱼豉油调味即可。

魔力十足的美味

豆瓣啤酒烧鲈鱼

55 分钟　　低级

特色

用啤酒代替清水烧鱼，不仅可以去除鱼的腥味，还可以提鲜，一举两得。再加入适量豆瓣酱，烧出来的鲈鱼醇香浓郁、鲜味十足。

主料

鲈鱼 1 条

辅料

豆瓣酱 30 克
啤酒 800 毫升
姜 3 克
大葱 50 克
蒜 6 瓣
红米椒 2 根
青米椒 2 根
生抽 3 汤匙
料酒 5 汤匙
八角 2 个
花椒粒 1/2 茶匙
胡椒粉 1/2 茶匙
橄榄油 3 汤匙
白糖 1/2 茶匙
盐适量

1. 腌好的鲈鱼要吸干水分再下入油锅，避免水油相遇四处迸溅。
2. 待油热后再放入鲈鱼，煎至单面金黄后再翻另一面，能保持鱼的完整度，防止鱼皮粘锅。

做法

❶ 鲈鱼去鳞鳃、去内脏，清洗干净，在鱼身两面各划几刀，倒入 2 汤匙料酒，加胡椒粉和盐抹匀，腌制 20 分钟。

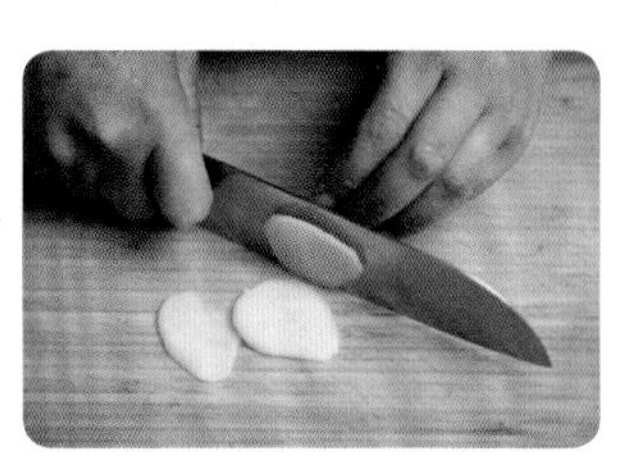

❷ 姜去皮、切片；蒜去皮；大葱去皮、切段；红、青米椒洗净，去蒂、切圈。

❸ 炒锅中倒入橄榄油，烧至六成热时，放入腌好的鲈鱼，煎至两面金黄。

❹ 盛出鲈鱼，沥去多余的油分，锅中留底油继续煸香姜片、蒜瓣、大葱段、八角、花椒粒。

❺ 再将鲈鱼放回锅中，倒入啤酒、生抽、剩余料酒，加豆瓣酱和白糖，大火煮开后转中火炖煮 15 分钟。

❻ 随后转大火收汁，待汤汁浓稠时盛出鲈鱼，浇上汤汁，撒上青、红米椒圈点缀即可。

吃货的力量

糖醋脆皮鲈鱼

40分钟　中级

特色

鲈鱼炸得外焦里嫩，浇上酸甜可口的糖醋汁，咬一口，酥脆喷香，一顿饭只有这条鱼也愿意，因为，糖醋汁就是力量啊。

主料

鲈鱼 1 条
面粉 200 克

辅料

鸡蛋 1 个
淀粉 1 汤匙
姜 3 克
大葱 20 克
蒜 5 瓣
香葱 1 根
胡椒粉 1/2 茶匙
生抽 2 汤匙
老抽 1 汤匙
料酒 3 汤匙
番茄酱 4 茶匙
白糖 3 汤匙
米醋 3 汤匙
橄榄油 80 毫升
盐适量

烹饪秘笈

1. 鲈鱼一定要炸两次，第一次油温无须太高，炸出鱼中的水分，第二次要用高油温炸出酥脆口感，外香里嫩。
2. 面糊要和得浓稠一些，更容易挂浆。

做法

❶ 姜去皮、切片；大葱去皮，斜刀切片；蒜去皮、切末；香葱去根，洗净、切碎。

❷ 鲈鱼去鳞鳃、去内脏，清洗干净，鱼身两侧用瓦片花刀片成厚约 8 毫米的片。

❸ 在鱼身上涂抹胡椒粉和盐，淋入料酒，每块鱼片之间放入 1 片姜和 1 片葱腌制 20 分钟。

❹ 鸡蛋磕入面粉中，加适量清水和成面糊，在腌好的鲈鱼上面均匀地挂好面糊。

❺ 橄榄油倒入锅中，烧至六成热时，下入裹满面糊的鱼炸至两面金黄，捞出沥油。

❻ 再次将鲈鱼放入油锅复炸一次，盛出后沥干油分。

❼ 另起一锅，倒入生抽、老抽、番茄酱、白糖、米醋、蒜末、淀粉，再加适量清水搅匀，加热熬煮至汤汁浓稠。

❽ 将汤汁均匀地淋在鱼身上，撒入香葱碎调味即可。

又脆又嫩

蒜香鱼排

60分钟　低级

特色

亲手从青鱼上片出来的鱼排又鲜又嫩，腌制入味，再裹满脆脆的面包糠，香脆可口、有滋有味，学会了做这块鱼排，用来做鱼排饭，浇点照烧酱也不错哦。

主料

青鱼 800 克

辅料

面包糠 250 克
姜 3 克
蒜 2 头
鸡蛋 1 个
淀粉 2 茶匙
番茄酱 2 汤匙
胡椒粉 1 茶匙
料酒 3 汤匙
橄榄油 80 毫升
香草盐适量

做法

❶ 青鱼洗净，去头、去尾、去鱼皮，沿着鱼骨片出 2 条鱼排。

❷ 姜去皮、切片；蒜去皮、压蓉；鸡蛋打散成鸡蛋液。

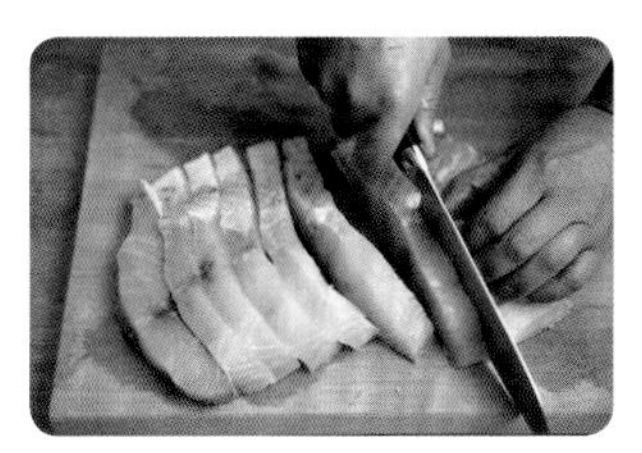

❸ 将鱼排切成长约 8 厘米宽约 3 厘米的块。

❹ 在鱼块中放入姜片、蒜蓉、番茄酱、胡椒粉、料酒、适量香草盐拌匀，腌制 40 分钟。

❺ 橄榄油倒入锅中，烧至五成热时，取腌好的鱼片先裹满淀粉，再挂满鸡蛋液，最后蘸满面包糠，放入油锅中炸至两面金黄，捞出沥油。

❻ 炸过的鱼排再次入油锅炸第二遍，捞出后沥干油分即可。

烹饪秘笈

1. 鱼片先后蘸满淀粉、鸡蛋液、面包糠，多层包裹避免里面的鱼肉散碎，还让炸出来的口感更酥脆。
2. 青鱼的鱼骨一定要处理干净，避免吃起来影响口感。

夏日好吃食

紫苏苦瓜炒鱼片

45 分钟　　低级

特色

夏日吃这道菜刚刚好，紫苏与苦瓜均有助于清热降火，还能促进食欲，与嫩滑的鱼片一起翻炒，微辣适口，苦嫩鲜香。

主料

草鱼 1 条
苦瓜 1 根
紫苏叶 80 克

辅料

姜 3 克
大葱 20 克
红米椒 3 根
青米椒 3 根
生抽 3 汤匙
料酒 3 汤匙
胡椒粉 1/2 茶匙
橄榄油 3 汤匙
淀粉 1/2 茶匙
盐适量

烹饪秘笈

1. 鱼片不要用力翻拌，易导致散碎，影响菜品卖相。
2. 紫苏叶翻炒时间不要太长，其遇盐或高温会析出水分，再加锅铲翻拌容易变得软塌。

做法

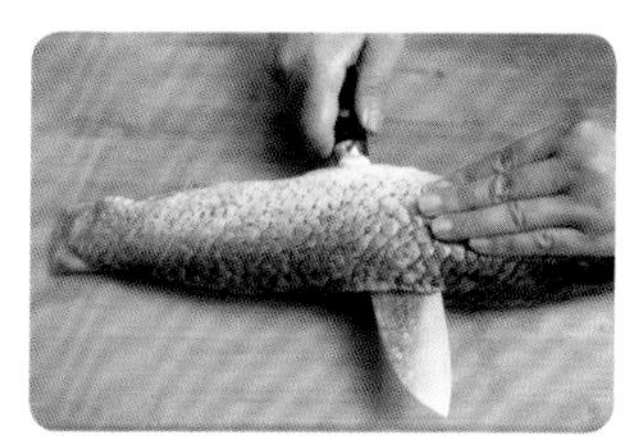

❶ 草鱼洗净，去头、去尾、去皮，沿着鱼骨片出 2 排鱼肉，再片成厚约 8 毫米的鱼片。

❷ 鱼片中倒入生抽、料酒、胡椒粉、淀粉、适量盐，翻拌均匀，腌制 30 分钟。

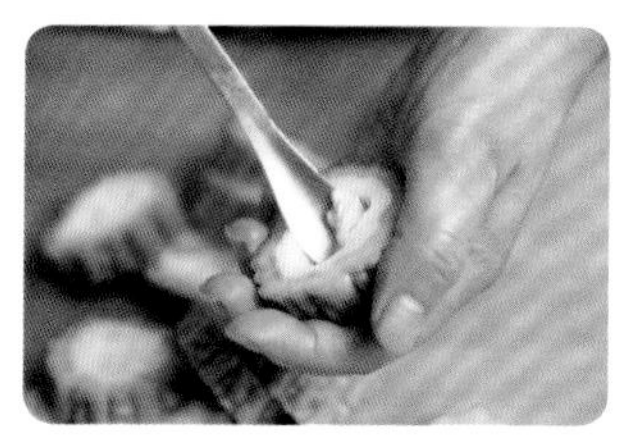

❸ 苦瓜洗净，去瓤、去子，切成厚约 2 毫米的圈；紫苏叶洗净，沥干水分。

❹ 姜去皮、切丝；大葱去皮、斜刀切片；红、青米椒洗净，去蒂、切圈。

❺ 橄榄油倒入炒锅中，烧至五成热时，放入姜丝、大葱片、青红米椒圈炒香。

❻ 随后放入苦瓜圈，大火翻炒 3 分钟，再滑入腌好的鱼片，快速翻拌炒至变色。

❼ 接着放入紫苏叶翻炒 30 秒，再加少许盐调味，出锅即可。

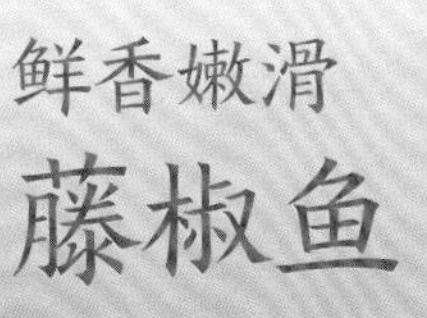

鲜香嫩滑
藤椒鱼

60分钟　中级

特色

鱼片裹满一层蛋液，滑入锅中，口感鲜嫩香软，几种配菜略带鱼香的同时还脆嫩爽口，有了配菜的加入，即便多浇几勺油也不觉得腻。

主料

草鱼 1 条

辅料

鸡蛋 1 个
藤椒 25 克
干辣椒 20 根
红米椒 10 根
青米椒 10 根
黄豆芽 150 克
青笋 100 克
香芹 100 克
姜 3 克
大葱 50 克
蒜 8 瓣
生抽 3 汤匙
料酒 3 汤匙
胡椒粉 1/2 茶匙
橄榄油 60 毫升
盐适量

做法

❶ 草鱼洗净，去头、去尾、去皮，沿着鱼骨剔出 2 排鱼肉，再斜刀片成厚约 5 毫米的鱼片。

❷ 鱼片中磕入鸡蛋，加生抽、料酒、胡椒粉、适量盐拌匀，腌制 30 分钟。

❸ 干辣椒切小段；青、红米椒洗净，去蒂、切圈；青笋去皮，洗净、切条；香芹洗净、切段；黄豆芽洗净，沥干水分。

❹ 姜去皮、切片；大葱去皮、切段；蒜去皮；香葱洗净、切碎。

❺ 20 毫升橄榄油倒入锅中，烧至五成热时，放入姜片、大葱段、蒜瓣、干辣椒段煸香。

❻ 再下入青笋条、香芹段、黄豆芽，中火翻炒 3 分钟，倒入开水，转中火熬煮 2 分钟。

❼ 随后滑入腌好的鱼片，翻拌几下，加适量盐调味，随后一同盛入大碗中。

❽ 将藤椒、青红米椒圈一同撒入碗中，剩余的橄榄油烧热，浇在藤椒、青红米椒圈上即可。

烹饪秘笈

1. 可以留部分干辣椒段最后放在鱼汤上，浇热橄榄油时能激发辣椒中的香气，味道更醇香。
2. 鱼片腌制时表面挂一层鸡蛋液，再入锅烹煮，口感更嫩滑。

吸满汤汁的鱼块

酸甜小炒鱼

45 分钟　　中级

特色

鱼块先过油保持完整，口感外脆里嫩，放入酸甜的汤汁中翻滚，更加嫩滑美味，下入清甜的青红椒使这道小炒鱼更具诱惑力。

主料

草鱼肉 500 克

辅料

红椒半个
青椒半个
淀粉 25 克
鸡蛋 1 个
生抽 2 汤匙
料酒 2 汤匙
米醋 2 汤匙
胡椒粉 1/2 茶匙
番茄酱 30 克
白糖 30 克
姜 3 克
大葱 20 克
蒜 6 瓣
橄榄油 80 毫升
盐适量

做法

❶ 草鱼肉洗净，用厨房纸吸干水分，切成小块，撒入胡椒粉和适量盐拌匀，腌制 20 分钟。

❷ 红椒、青椒洗净，去子、去蒂、切小块；姜去皮、切片；大葱去皮、切段；蒜去皮；鸡蛋打散成鸡蛋液。

❸ 橄榄油倒入锅中，烧至五成热时，腌好的鱼块蘸满鸡蛋液再裹满淀粉（20 克），放入锅中炸至金黄，盛出沥干油分。

❹ 另起一锅不放油，烧热后放入姜片、大葱段、蒜瓣爆香。

❺ 加番茄酱、白糖、剩余淀粉、少许盐，倒入生抽、料酒、米醋和适量清水，熬成浓稠汤汁。

❻ 最后倒入炸好的鱼块和青红椒块炒匀，入味后出锅即可。

烹饪秘笈

炸过的鱼块中有油分，再起锅炒制时无须再放油，避免油量过多口感发腻，同时还可以减少摄油量。

特色

这道菜可以看成在香辣豆花的基础上精加工，多放一条鱼。鱼要提前蒸熟，把熬好的豆花汤汁浇在鱼上，鱼和豆花一同入口，鲜辣清香，回味无穷，保证你们爱到不行。

主料

花斑鱼 1 条

辅料

嫩豆花 200 克
郫县豆瓣酱 30 克
油炸花生米 15 克
红米椒 2 根
青米椒 2 根
姜 5 克
大葱 20 克
香葱 1 根
蒜 6 瓣
蒸鱼豉油 2 汤匙
生抽 3 汤匙
料酒 3 汤匙
胡椒粉 1/2 茶匙
橄榄油 2 汤匙
高汤 500 毫升
盐适量

吃得过瘾

豆花花斑鱼

50 分钟　中级

烹饪秘笈

嫩豆花入锅后可以翻拌搅碎，更容易吸饱汤汁的浓郁香气，伴着鲜美的鱼肉一同食用，口感更佳。

做法

❶ 花斑鱼去鳞鳃、内脏，洗净，在两面鱼身各划几刀，涂抹上胡椒粉和适量盐，腌20分钟。

❷ 青红米椒洗净，去蒂、切圈；姜去皮、切片；大葱切丝；蒜压蓉；香葱洗净、切碎。

❸ 姜片铺在盘底，花斑鱼放在盘中，大葱丝撒在花斑鱼身上。

❹ 蒸锅烧开水，把花斑鱼放入蒸锅中大火蒸 7 分钟，关火后再闷 2 分钟。

❺ 锅中倒橄榄油烧至五成热，放郫县豆瓣酱、油炸花生米、蒜蓉炒香，倒入蒸鱼豉油、生抽、料酒、高汤搅匀，放入嫩豆花，熬成浓稠汤汁。

❻ 花斑鱼从蒸锅中取出，撒上青红米椒圈，随后浇上豆花汤汁，撒上香葱碎调味即可。

蒜香肉嫩

蒜爆鱼

30 分钟　　低级

特色

通过热水的汆煮，调味品的辛香渗入鱼肉中，而这道菜的蒜蓉是关键，用热油逼出蒜香，按照这个烹饪步骤做出来，蒜香浓郁，深受欢迎。

主料

鲤鱼 1 条

辅料

姜 5 克
大葱 30 克
香菜 1 根
花椒粒 5 克
蒜 1 头
生抽 3 汤匙
料酒 3 汤匙
蒸鱼豉油 1 汤匙
米醋 2 汤匙
白糖 1 茶匙
香油 1/2 茶匙
干辣椒 10 根
橄榄油 2 汤匙
盐适量

烹饪秘笈

1. 煮鱼的水一定要没过鱼身，水开后沸腾，保证整条鱼受热均匀。
2. 可以将煮鱼的步骤变成蒸鱼，煮鱼可以省去腌制的步骤，但蒸鱼吃起来口感更鲜嫩，而且能最大限度地锁住鱼中的营养成分。

做法

❶ 姜去皮、切片；大葱去皮、切段；蒜去皮、切碎。

❷ 香菜去根、洗净、切碎，干辣椒切段。

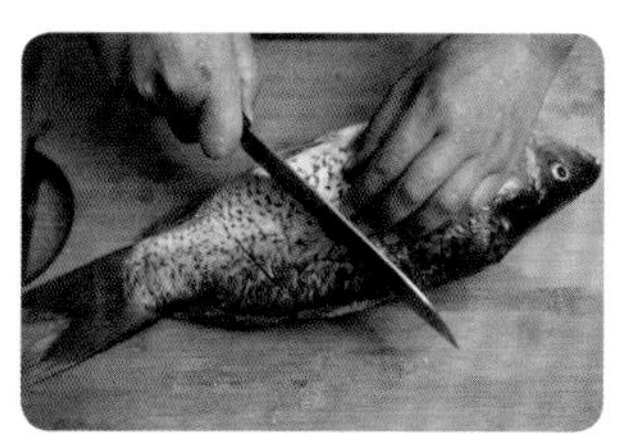

❸ 鲤鱼去鳞鳃、去内脏，清洗干净，鱼身两面各划几刀。

❹ 将鱼放入冷水中，加姜片、大葱段、花椒粒、适量盐，大火煮开后转中火煮 15 分钟，捞出摆入盘中。

❺ 煮鱼的过程中，将生抽、料酒、蒸鱼豉油、米醋、白糖、香油混合调成料汁。

❻ 蒜蓉撒在鱼身上，随后浇上料汁。

❼ 辣椒段放在橄榄油中，加热后直接浇在鱼身上，再撒入香菜碎调味即可。

意想不到的鲜美

熏九肚鱼

60分钟　中级

特色

九肚鱼圆润可爱，也是鱼类中鲜美度数一数二的佳品了，如果煎、炸、煮、炖都腻了，可以尝试熏的烹饪方式，过油出香后熏泡在料汁中，味道绝对是你意想不到的。

主料

九肚鱼 300 克

辅料

姜 3 克
大葱 30 克
料酒 4 汤匙
生抽 4 汤匙
老抽 1 汤匙
蚝油 1 汤匙
蜂蜜 1 汤匙
香油 1/2 茶匙
五香粉 1 茶匙
米醋 1 汤匙
绿茶水 200 毫升
熟白芝麻 1 克
橄榄油适量

做法

❶ 姜去皮、切丝；大葱去皮、切丝。

❷ 将生抽、料酒各 2 汤匙、老抽、蚝油、蜂蜜、香油、五香粉、米醋、绿茶水混合搅匀，放入锅中熬成料汁，自然晾凉。

❸ 九肚鱼去鱼骨，洗净，加姜丝、大葱丝、倒入剩余生抽、料酒拌匀，腌制 20 分钟。

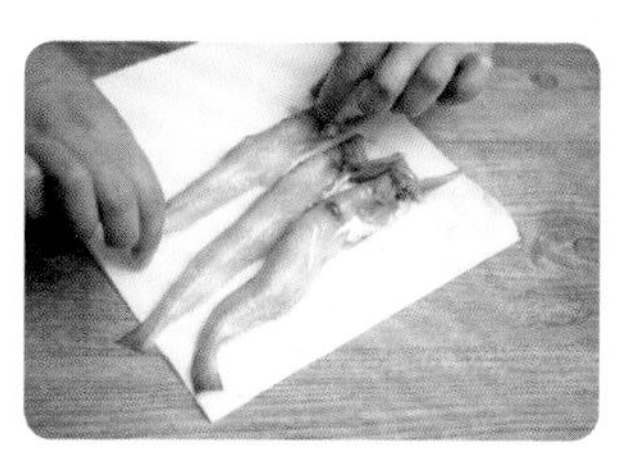

❹ 腌好的九肚鱼用厨房纸吸干水分，橄榄油倒入锅中，烧至六成热时，放入九肚鱼炸至金黄，捞出沥油。

❺ 再次将九肚鱼放入油锅中炸一次，捞出后放入晾凉的料汁中浸泡 30 分钟。

❻ 做好的熏鱼撒入熟白芝麻调味即可。

烹饪秘笈

熏鱼的料汁可以熬煮时间久一些，浓稠一些，待晾凉后放入九肚鱼熏泡，更容易入味。

美貌又美味

鱼酿橙

30分钟　低级

特色

香橙上市，橙肉酸甜多汁，捣出橙肉和巴沙鱼搅拌在一起，为巴沙鱼增添了一分香甜，巴沙鱼也因香橙而更加鲜美。再放入橙盅内蒸熟，还省了洗碗的麻烦。

主料

巴沙鱼300克
香橙2个

辅料

柠檬2个
胡椒粉1/2茶匙
盐适量

做法

❶ 巴沙鱼解冻、洗净，放入料理机中打成泥。

❷ 两个香橙分别在顶部1/3处切开，挖出橙肉，剩余的2/3做橙盅。

❸ 柠檬一切两半，挤出柠檬汁，倒入巴沙鱼泥中，加入香橙肉、胡椒粉、盐，顺时针搅拌上劲。

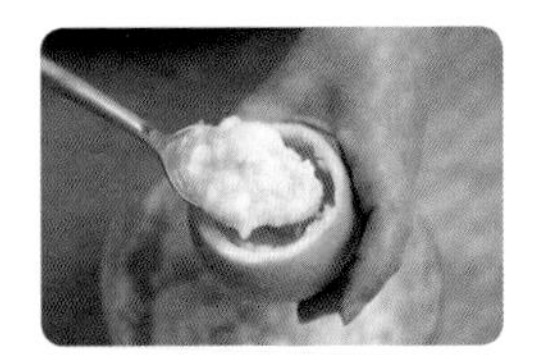

❹ 拌好的橙肉鱼泥一分为二，分别装在橙盅内。

❺ 蒸锅中烧开水，放入做好的鱼酿橙，大火蒸10分钟，关火后虚蒸2分钟即可。

烹饪秘笈

1. 鱼酿橙放入蒸锅时要固定，避免倾斜而使橙盅内的食材跑出。
2. 在巴沙鱼泥中磕入一个鸡蛋，更容易搅拌上劲，增加鱼肉的弹性，令口感更嫩滑。

令你大快朵颐

豉椒鱼柳蒸豆腐

40 分钟　低级

特色

巴沙鱼和豆腐都是简单的食材，巧用心思就能变成美味。巴沙鱼腌制入味后与豆腐交叉摆放，互相吸收彼此的香气，再容纳豆豉和剁椒的鲜香，香气四溢，令你大快朵颐。

主料

巴沙鱼 300 克
嫩豆腐 1 盒

辅料

干豆豉 15 克
胡椒粉 1/2 茶匙
剁椒碎 15 克
蒸鱼豉油 1 汤匙
生抽 3 汤匙
料酒 3 汤匙
香油 1/2 茶匙
姜 2 克
蒜 4 瓣
香葱 1 根
盐适量

烹饪秘笈

巴沙鱼提前吸干水分再腌制，才不会因水分溶解调味品而导致入不了味。

做法

❶ 巴沙鱼解冻，用厨房纸吸干水分，切成厚约 5 毫米的片，撒入胡椒粉和盐拌匀，腌制 20 分钟。

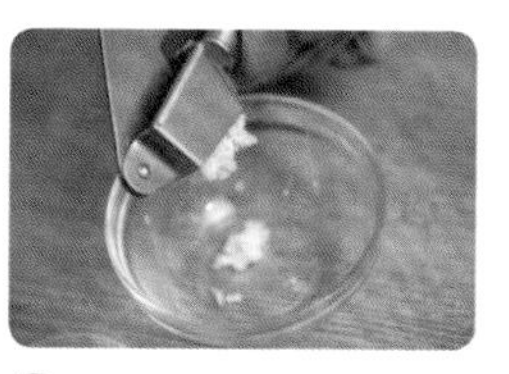

❷ 干豆豉切碎；姜去皮、切末；蒜去皮、压蓉；香葱洗净、切碎。

❸ 嫩豆腐从盒中取出，切成厚约 3 毫米的豆腐片，与腌好的巴沙鱼片交叉斜着摆入盘中。

❹ 蒸鱼豉油、生抽、料酒、香油、姜末、蒜蓉混合均匀调成料汁。

❺ 将干豆豉碎、剁椒碎均匀地撒在巴沙鱼豆腐片上，再淋入料汁。

❻ 蒸锅中烧开水，放入豆腐巴沙鱼片，大火蒸 7 分钟，关火后虚蒸 1 分钟，撒入香葱碎调味即可。

完美结合才独特

菱角鱼肉粉丝煲

45 分钟　　低级

特色

荸荠清新爽脆，鱼肉鲜美嫩滑，粉丝柔软丝滑，三者完美结合，打造出独特的味道。

主料

鲅鱼肉 350 克
菱角 350 克
粉丝 40 克

辅料

鸡蛋 1 个
胡萝卜半根
青椒半个
姜末 2 克
蒜末 6 瓣
淀粉 1/2 茶匙
胡椒粉 1/2 茶匙
生抽 3 汤匙
料酒 3 汤匙
蚝油 1 汤匙
橄榄油 3 汤匙
盐适量

做法

❶ 鲅鱼肉洗净，切成 2 厘米见方的块，磕入鸡蛋。

❷ 向鲅鱼肉中加生抽和料酒各 1 汤匙、胡椒粉、淀粉、盐抓匀，腌制 30 分钟。

❸ 菱角剥肉，对半切开，浸泡在清水中备用。胡萝卜去皮，洗净，切成 2 厘米见方的块；青椒洗净，去子、切碎。

❹ 炒锅中倒入橄榄油，加姜末、蒜末爆香，随后放入菱角块、胡萝卜块、青椒碎，大火翻炒 3 分钟。

❺ 再倒入剩余生抽和料酒、蚝油炒匀调味，接着倒入适量的清水烧开。

❻ 放入粉丝煮软，再滑入腌好的鲅鱼肉搅匀，煮至鲅鱼肉变色，加少许盐调味即可。

烹饪秘笈

粉丝吸水性强，要注意避免煳锅，加清水时要多倒一些。

特色

喜欢吃秋刀鱼，无奈在外面吃的不是原味就是椒盐，也吃腻了。我最喜欢的调味品是咖喱，就这样将两种毫不沾边的食材碰撞在一起，吃一口，从此对它宠爱有加。

宠爱有加
咖喱秋刀鱼

⏳ 40 分钟　　低级

主料

秋刀鱼 5 条

辅料

咖喱酱 30 克
柠檬 1 个
姜 2 克
香葱 3 根
小青橘 4 个
罗勒叶 2 克
盐适量

做法

❶ 秋刀鱼清理干净，用厨房纸吸干水分。

❷ 柠檬一切两半，挤出柠檬汁；姜去皮、切片；香葱去根、洗净、切段；小青橘对半切开。

❸ 咖喱酱中倒入柠檬汁，撒少许盐搅匀，调成柠檬咖喱酱。

❹ 在秋刀鱼的两面均匀涂抹好咖喱柠檬酱，放在锡纸上。

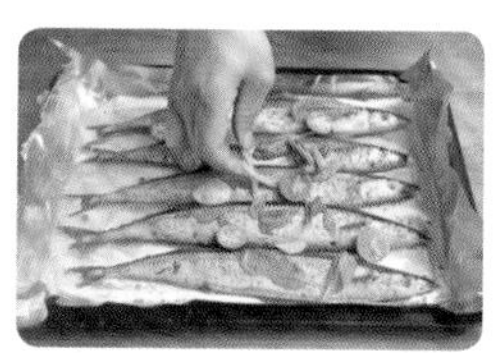

❺ 再放入姜片、香葱段、小青橘瓣和罗勒叶，将锡纸包裹起来，放入烤盘中。

❻ 将包裹好的秋刀鱼放入预热好的烤箱中层，上下火 200℃烤 20 分钟即可。

烹饪秘笈

可以在秋刀鱼的表层涂抹一层白醋，先入烤箱烘烤 10 分钟，再取出涂抹咖喱柠檬酱继续烤，可增加秋刀鱼的酥脆感。

可做主食亦可为零食

蒸鱼糕

30分钟　低级

特色

鲷鱼肉打成细腻的泥，完全感觉不到鱼骨的存在，再依次加入营养丰富的蔬菜和鸡蛋，也不用加入过多的调味品，口感清淡鲜香，卖相十足。

主料

鲷鱼 1 条

辅料

鸡蛋 1 个
胡萝卜 30 克
青笋 30 克
鲜香菇 1 个
淀粉 1 茶匙
料酒 2 汤匙
橄榄油 1 茶匙
盐适量

做法

❶ 鲷鱼清理干净，去头、去尾、去皮，从背部开片，剔除鱼骨，将鱼肉切成小块。

❷ 将鲷鱼块放入料理机中打成泥。

❸ 将鸡蛋的蛋清、蛋黄分离；胡萝卜、青笋去皮，洗净、切碎；鲜香菇洗净、切碎。

❹ 鱼泥中加入蛋清、胡萝卜碎、青笋碎、香菇碎、淀粉、料酒、盐搅拌均匀。

❺ 在一个方形容器的底部刷一层橄榄油，将拌匀的鱼泥倒在容器中，表层刮平。

❻ 蒸锅中烧开水，鱼泥放在蒸锅中大火蒸 5 分钟。

❼ 将蛋黄打散，掀开蒸锅盖，把蛋黄液倒在鱼泥表层，盖好锅盖继续蒸 2 分钟，关火后再虚蒸 2 分钟。

❽ 待蒸好的鱼糕温度稍微冷却后，切成小块即可。

烹饪秘笈

鲷鱼的鱼骨一定要去除干净，或者在料理机中多搅打一会儿，把鱼骨打得细碎，吃起来不影响口感，还可以放心给宝宝吃。

蓬松软嫩，鲜香四溢

蒲烧鳗鱼

35分钟　低级

特色

光看到鳗鱼两个字，嘴巴里已经充满了鲜香。在外面吃鳗鱼，一份没有几块，总是意犹未尽。学会了这个方法，在家想吃多少做多少，一次吃个够。

主料

鳗鱼 250 克

辅料

烧烤汁 3 汤匙
味醂 3 汤匙
清酒 3 汤匙
蜂蜜 2 汤匙
白糖 5 克
熟白芝麻 1 克
海苔丝少许
橄榄油适量

做法

❶ 鳗鱼清理干净，用热水冲泡，去掉身上的黏液，用厨房纸吸干水分。

❷ 锅中倒入烧烤汁、清酒、味醂、蜂蜜、白糖，熬成浓稠的酱汁，晾凉。

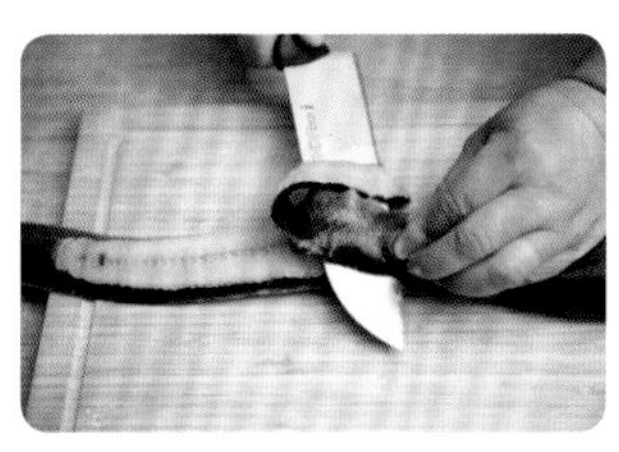

❸ 将鳗鱼肉沿着中间的大骨片下来，切成约 15 厘米长的片，用牙签从两侧插入固定鳗鱼片。

❹ 取一半酱汁浇在鳗鱼上，密封起来，放入冰箱冷藏 8 小时。

❺ 不粘锅中倒入适量橄榄油，烧至五成热时，放入腌制好的鳗鱼，小火煎至两面出香，盛出鳗鱼。

❻ 将剩余的酱汁再次熬煮至微开冒泡，浇在鳗鱼上。

❼ 最后均匀撒入熟白芝麻和海苔丝即可。

烹饪秘笈

1. 煎鳗鱼的时间不要太长，7 分钟左右为宜，太久容易焦。
2. 酱汁煮到起大泡、酱汁浓稠为宜，浇在鳗鱼上口感更佳。

忍不住了，快吃

土豆泥金枪鱼挞

⌛ 50 分钟　　低级

特色

将醇香细腻的金枪鱼捣成泥，和百吃不厌的土豆泥混合，加入可口的沙拉酱调味做成挞馅，放在酥香的挞皮上，想不好吃都难。

主料

金枪鱼罐头 200 克

土豆 60 克

辅料

挞皮 4 个

沙拉酱 3 汤匙

做法

❶ 挞皮放在挞模中，放入预热好的烤箱中层，上下火 180℃烤 20 分钟。

❷ 在烤挞皮的过程中，土豆去皮、洗净，切成小块，放入蒸锅中蒸熟，捣成泥。

❸ 金枪鱼罐头捣碎成泥，和土豆泥混合，加入沙拉酱搅拌均匀。

❹ 取出挞皮，趁热将拌好的金枪鱼土豆泥分成均等的四份，填入挞皮中。

❺ 再将土豆金枪鱼挞放入烤箱中层，上下火 200℃烤 15 分钟即可。

烹饪秘笈

1. 选用市售的挞皮方便快捷，特别适合懒人，若时间充足也可以自制挞皮，减少油量，更健康。
2. 尽量选水浸的金枪鱼罐头，水浸的低脂健康，可减少油量的摄入。

有鱼的汤粥才美

2

CHAPTER

吃得精致，喝得健康

豆浆鮰鱼汤

60 分钟　低级

特色

鮰鱼肉质肥而不腻，豆浆鲜浓醇香，二者结合，造就出一碗浓浓的白汁汤，看上去营养满满，再吸收香菇和菜心的原香，汤浓而不腻，鱼肉肥嫩滑爽。

主料

鮰鱼 1 条

辅料

豆浆 300 毫升
姜 5 克
香葱 4 根
鲜香菇 2 个
菜心 150 克
胡椒粉 1/2 茶匙
花雕酒 4 汤匙
橄榄油 80 毫升
盐适量

烹饪秘笈

1. 在倒入豆浆之前，可以先将锅中的姜片和葱结捞出，避免影响豆浆的鲜味。
2. 鮰鱼肉块要切得稍大一些，熬煮出来形不散。

做法

❶ 鮰鱼清理干净，头尾分别切下，沿着鱼骨剔下两排鱼肉，鱼骨、鱼肉分别切成小块。

❷ 姜去皮、切片；香葱去根，洗净，分别打结。

❸ 鲜香菇顶部划出十字花造型；香菇和菜心分别洗净，放入开水中焯熟。

❹ 鮰鱼肉中放入胡椒粉，倒入 2 汤匙花雕酒，腌制 20 分钟。

❺ 锅中倒入 40 毫升橄榄油，烧至五成热，下入鮰鱼头、尾、骨，煎至两面金黄，加入 1/2 的姜片、2 个葱结，倒入适量清水，大火煮开，熬煮 20 分钟。

❻ 将熬煮好的鮰鱼汤过滤出鱼骨备用。

❼ 另起炒锅，倒入剩余橄榄油，烧至五成热，放入剩余姜片、葱结爆香，再下入鮰鱼肉块，倒入鮰鱼汤和剩余花雕酒，大火熬煮 15 分钟。

❽ 随后倒入豆浆，加入香菇和菜心继续熬煮 5 分钟，再撒入适量盐调味即可。

聚集全部的精华

香葱无骨鲫鱼汤

40 分钟　低级

特色

之所以说是无骨，是因为鲫鱼全身的精华经过破壁机的加工打得细碎，毫无保留地融入汤中，再融入香葱的芳香，整道汤葱香浓郁，鲜美可口。

主料

鲫鱼 1 条

辅料

香葱 30 克
姜 3 克
料酒 3 汤匙
枸杞子 10 粒
橄榄油 2 汤匙
盐适量

做法

❶ 姜去皮、切片；2 根香葱去根，洗净、打结；其余香葱去根，洗净、切碎；枸杞子洗净。

❷ 鲫鱼清理干净，切成小块，浸泡在清水中，加入香葱结和 1/2 的姜片，浸泡 20 分钟。

❸ 捞出鲫鱼块，沥干水分。炒锅中倒入橄榄油，烧至五成热时放入鲫鱼块。

❹ 将鲫鱼块煎至两面金黄，加入适量清水，大火煮开后转小火，熬煮 20 分钟。

❺ 熬煮好的鲫鱼汤同鱼块一同放入破壁机中，加入香葱碎、料酒、盐、剩余姜片，搅打熬煮成细腻的浓汤。

❻ 鲫鱼汤盛出后撒上枸杞子点缀即可。

烹饪秘笈

1. 一般的破壁机都有搅碎煮熟的功能，若没有烹煮功能，需要再将鲫鱼汤移锅煮开后食用。
2. 鲫鱼先煎香熬煮成浓白的汤汁，再与香葱碎一同搅打熬成细腻的汤，不仅可以去腥无骨，汤汁也更清润。

特色

鲫鱼汤可不是只有和豆腐配在一起才好喝。家里买的菌菇总是放烂了都不知道怎么做，清洗干净，再收拾一条鲫鱼，往锅中一丢，滋味鲜浓，肉质细嫩。

再也不会浪费掉菌菇

菌菇鲫鱼汤

55 分钟　低级

主料

鲫鱼 1 条

辅料

白玉菇 80 克
鲜香菇 3 个
干姬松茸 10 克
干木耳 5 克
姜 3 克
香葱 2 根
料酒 3 汤匙
胡椒粉 1/2 茶匙
橄榄油 3 汤匙
盐适量

烹饪秘笈

1. 鲫鱼提前过油煎香乳化，熬煮出的汤汁才会浓稠奶白。
2. 菌菇提前过水焯一下，可去除菌菇中的怪味，口味会更好。

做法

❶ 干姬松茸、干木耳提前 1 小时泡发，清洗干净。

❷ 鲫鱼清理干净，用厨房纸吸干水分，涂抹上胡椒粉和盐，腌制 20 分钟。

❸ 白玉菇洗净；鲜香菇顶部划十字刀，洗净；姜去皮、切片；香葱去根，洗净，打成结。

❹ 炒锅中倒入橄榄油，烧至五成热时，放入腌好的鲫鱼煎至两面金黄，下入姜片、香葱结，倒入料酒和适量清水，大火煮开。

❺ 随后放入白玉菇、香菇、姬松茸和木耳，大火煮开后转小火熬煮 25 分钟。

❻ 关火前撒入适量盐调味即可。

汤美味更鲜

豆腐煎蛋九肚鱼汤

⌛ 50 分钟　　低级

特色

九肚鱼肉滑而不腥，煎过之后熬煮出的汤汁奶白浓郁，再放入味美软嫩豆腐，增添了一股豆香。盖上一颗煎蛋，丰富了营养，整道汤清新可口。

主料

九肚鱼 250 克
豆腐 250 克

辅料

小油菜 2 根
鸡蛋 1 个
姜 3 克
香葱 2 根
料酒 3 汤匙
胡椒粉 1/2 茶匙
橄榄油 40 毫升
盐适量

做法

❶ 九肚鱼去掉鱼头，清理干净，切成约 5 厘米长的段，加胡椒粉和盐腌制 20 分钟。

❷ 小油菜洗净；姜去皮、切片；香葱去根，洗净、打结；豆腐切成 2 厘米见方的块。

❸ 炒锅中倒入 10 毫升橄榄油，烧至五成热时，磕入鸡蛋，撒少许盐，中小火煎熟，盛出待用。

❹ 炒锅中煎蛋的底油留用，再倒入剩余橄榄油，烧至五成热时放入腌好的九肚鱼两面煎香。

❺ 再下入豆腐块、姜片、香葱结，倒入料酒和适量的清水，大火煮开后转小火熬煮 15 分钟。

❻ 随后放入小油菜、煎蛋，继续熬煮 2 分钟，出锅前撒适量盐调味即可。

烹饪秘笈

可以把鸡蛋煎成溏心蛋，鸡蛋的溏心流入鱼汤中，口感更浓郁。

这样吃很下饭

宽粉黄辣丁汤

⏳70 分钟　　中级

特色

黄辣丁炒出香，加调味品炖至入味，再下入泡软的宽粉。宽粉在炖煮的过程中吸饱浓香的汤汁，滋味浓郁。吃时吸溜一口宽粉，再夹一块黄辣丁的肉，配一碗白米饭，美哉。

主料

黄辣丁 1 条

辅料

宽粉 40 克
黄灯笼辣椒酱 20 克
泡椒 4 根
红米椒 3 根
青米椒 3 根
姜 3 克
香葱 2 根
蒜 5 瓣
生抽 3 汤匙
料酒 3 汤匙
胡椒粉 1/2 茶匙
白糖 1/2 茶匙
橄榄油 3 汤匙
盐适量

烹饪秘笈

宽粉吸水性强，为避免宽粉粘在一起不好夹，可以多倒一些水，或者煮好后尽快食用。

做法

❶ 黄辣丁清理干净，切成小块，加胡椒粉和盐拌匀，腌制 20 分钟。

❷ 宽粉在清水中泡软；红、青米椒洗净，去蒂、切圈。

❸ 姜去皮、切片；蒜去皮；香葱去根，洗净，打成结。

❹ 锅中倒入橄榄油，烧至五成热时，倒入黄灯笼辣椒酱，放入泡椒炒香，再加入腌好的黄辣丁块，大火炒至微黄。

❺ 随后放入姜片、香葱结、蒜瓣、白糖、青红米椒圈，倒入生抽、料酒和适量清水，大火煮开后转小火熬煮 20 分钟。

❻ 再加入泡软的宽粉，加少许盐，转中小火继续熬煮 10 分钟即可。

天冷暖身，一碗就够

奶油三文鱼汤

40 分钟　低级

特色

三文鱼肉质鲜嫩，深受众人喜爱，原本就特别好吃，再和香甜的奶油炖在一起，特别适合天冷时食用，喝一碗，暖遍全身。

主料

三文鱼 350 克
奶油 50 毫升

辅料

牛奶 50 毫升
土豆 80 克
胡萝卜 80 克
紫洋葱 60 克
丁香 3 克
肉豆蔻 2 个
百里香 1 根
现磨黑胡椒粉 2 克
橄榄油 3 汤匙
盐适量

做法

❶ 三文鱼洗净，用厨房纸吸干水分，切成小块，磨入黑胡椒粉和适量盐拌匀，腌制 20 分钟。

❷ 土豆、胡萝卜洗净，去皮，切成 2 厘米见方的块；紫洋葱去皮，切成小块；百里香洗净，切成段。

❸ 锅中倒入橄榄油，烧至五成热时，放入丁香、肉豆蔻、紫洋葱块爆香。

❹ 放入土豆块、胡萝卜块，加入适量清水煮开，煮至蔬菜变软。

❺ 再倒入奶油和牛奶搅拌均匀，接着放入三文鱼块。

❻ 待三文鱼块变色后，加适量盐调味，撒入百里香段点缀即可。

烹饪秘笈

1. 三文鱼变色即熟，不要煮太久，否则易致三文鱼散碎，也影响口感。
2. 倒入奶油和牛奶后，用中小火来熬煮，否则容易潽锅。

特色

鳕鱼没有刺，打成细腻的鱼泥做成鱼丸，再用番茄汤余熟，放入两棵青菜，简单好做，营养又美味，直接食用或配米饭均可。

喝汤，还是快手的方便

番茄青菜鱼丸汤

50 分钟　低级

主料

鳕鱼 400 克
番茄 2 个

辅料

青菜 80 克
鸡蛋 1 个
淀粉 1 茶匙
姜 2 克
香葱 1 根
胡椒粉 1/2 茶匙
生抽 2 汤匙
香油 1/2 茶匙
橄榄油 2 汤匙
盐适量

烹饪秘笈

1. 鱼丸一定要朝一个方向搅打上劲，分几次加少许清水，口感才弹滑。
2. 勺子在取鱼丸之前，先在冷水里蘸一下，防止鱼丸粘在勺子上。

做法

❶ 鳕鱼洗净，用厨房纸吸干水分，切成小块，放入料理机中搅打成细腻的鱼泥。

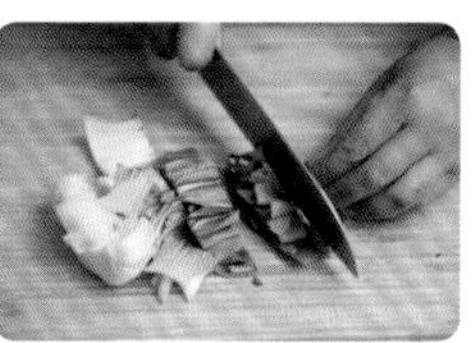

❷ 番茄顶部划十字，开水烫一下，去皮，切成块；青菜洗净，切小段；香葱去根，洗净、切碎；姜去皮，切末。

❸ 鸡蛋磕入鱼泥中，加入淀粉、姜末、香葱碎、胡椒粉、生抽、香油、盐，分多次加入适量清水，顺时针搅打上劲。

❹ 锅中倒入橄榄油，烧至五成热时，下入番茄块炒出汤汁，随后倒入适量清水，大火煮开。

❺ 左手取适量鱼泥，从虎口处挤出光滑的鱼丸，右手拿勺接住鱼丸依次滑入锅中。

❻ 待所有鱼丸漂起煮熟后，放入青菜段，加适量盐调味即可。

吃出火锅的感觉

辣鱼汤

⏳ 45 分钟 低级

特色

蒜蓉酱和辣酱成了这道鱼汤的点睛之笔，平时喝清淡的汤多了，可以适当换换口味，多放几种不同的蔬菜，再滑入鱼片，有种吃鱼火锅的感觉呢。

主料

青占鱼 400 克

辅料

金针菇 40 克
豆腐 100 克
黄瓜 50 克
胡萝卜 50 克
白玉菇 50 克
宽粉 20 克
红米椒 3 根
蒜蓉酱 25 克
辣椒酱 20 克
生抽 3 汤匙
料酒 3 汤匙
胡椒粉 1/2 茶匙
香草盐适量

做法

❶ 青占鱼处理干净，沿脊骨将鱼肉片下，切成 2 厘米见方的鱼块，加胡椒粉和香草盐拌匀，腌制 20 分钟。

❷ 宽粉洗净，提前泡软；金针菇去根、洗净，撕成小缕；豆腐切成厚约 2 毫米的片。

❸ 黄瓜洗净，斜刀切薄片；胡萝卜去皮，洗净，切薄片；白玉菇洗净；红米椒洗净，去蒂、切圈。

❹ 砂锅中加适量清水烧开，倒入生抽、料酒，加蒜蓉酱、辣椒酱搅匀。

❺ 随后下入金针菇、豆腐片、胡萝卜片、白玉菇、宽粉、红米椒圈，煮至食材变软、变熟。

❻ 接着滑入青占鱼块，加入黄瓜片，待鱼片变色后关火即可。

烹饪秘笈

1. 青占鱼肉质紧致，不容易松散，稍微煮久一点，味道更浓郁。
2. 后加入黄瓜片，少煮几分钟，可以保持清脆的口感和青翠的颜色。

酸辣开胃

鱼皮酸辣汤

50 分钟　低级

特色

鱼浑身都是宝，就拿鱼皮来说，可以炒、炸、煎等。这次在酸辣汤的基础上加点鱼皮，很快出一碗汤，不管是饭前垫底还是饭后填缝都是不错的选择呢！

主料

鲤鱼皮 200 克

辅料

金针菇 30 克
竹笋 20 克
鲜香菇 1 个
豆腐皮 1 张
胡萝卜 30 克
干木耳 3 克
鸡蛋 1 个
酱油 3 汤匙
料酒 3 汤匙
胡椒粉 1/2 茶匙
辣椒粉 1/2 茶匙
米醋 3 汤匙
橄榄油 3 汤匙
姜 2 克
香葱 1 根
淀粉 5 克
盐适量

烹饪秘笈

1. 米醋不要提早放入锅中，否则会随着不断加热而挥发。
2. 蛋黄取出后不要浪费，可放入冰箱内冷藏保存，留做他用。

做法

❶ 鲤鱼皮洗净，切小块，加胡椒粉和适量盐拌匀，腌制 20 分钟。

❷ 干木耳提前泡发，洗净，切成丝；金针菇洗净，撕成小绺；竹笋洗净，切丝。

❸ 鲜香菇洗净，去根、切丝；豆腐皮切丝；胡萝卜洗净，去皮、切丝；姜去皮、切末；香葱去根，洗净，切碎。

❹ 将酱油、料酒、淀粉、辣椒粉混合调成料汁。

❺ 锅中倒入橄榄油，烧至五成热时放入姜末爆香，随后放入鲤鱼皮炒香，倒入适量清水，大火煮开。

❻ 再加入木耳丝、金针菇、竹笋丝、香菇丝、豆腐皮丝、胡萝卜丝，煮至食材变软变熟。

❼ 把料汁倒入锅中，搅拌均匀，撒入适量盐，倒入米醋调味。

❽ 将鸡蛋的蛋清蛋黄分离，蛋清留用打散，均匀淋入汤锅中，待漂出蛋花，撒入香葱碎即可。

美鱼靓菜

苋菜银鱼汤

25 分钟　低级

特色

新鲜上市的苋菜营养价值很高；银鱼洁白鲜嫩，肉质细嫩而美味。银鱼入油锅炒出香味，加水熬煮，出锅前放入苋菜，汤香菜鲜，入口甘香。

主料

银鱼 100 克

辅料

苋菜 60 克
姜 2 克
橄榄油 2 汤匙
料酒 3 汤匙
淀粉 5 克
胡椒粉 1/2 茶匙
香菜 1 根
香油 1/2 茶匙
盐适量

做法

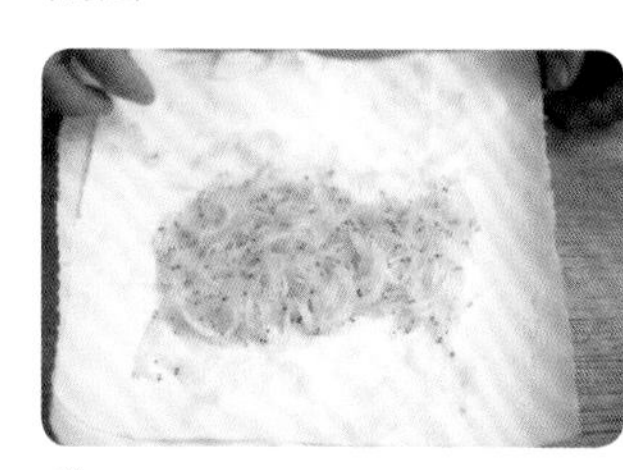

❶ 银鱼处理干净，用厨房纸吸干水分。

❷ 苋菜洗净，切成碎末；姜去皮、切末；香菜去根，洗净、切碎；淀粉加适量清水调成水淀粉。

❸ 锅中倒入橄榄油，烧至五成热时加入姜末爆香，再下入银鱼大火翻炒至微黄。

❹ 随后倒入适量清水和料酒，撒入胡椒粉搅匀，大火煮开后转小火，继续熬煮 10 分钟。

❺ 再倒入水淀粉搅匀，加入苋菜碎翻拌均匀。

❻ 撒入适量盐和香菜碎，淋入香油调味即可。

烹饪秘笈

若没有新鲜的银鱼，可用干银鱼代替，需要提前用清水浸泡，去除部分咸味，避免汤过咸影响口味。

补脑提神、营养美味

山药竹荪鱼头汤

⌛ 60分钟　　低级

特色

想要每天精神好，可以多煮一锅汤。鱼头健脑提神，是公认的补脑佳品，再和营养价值很高的山药、竹荪一起做汤，堪称一绝。

主料

胖头鱼鱼头 1 个

辅料

山药 200 克
干竹荪 5 根
姜 5 克
香葱 2 根
花雕酒 3 汤匙
胡椒粉 1/2 茶匙
橄榄油 3 汤匙
盐适量

烹饪秘笈

1. 山药去皮切块后要放在清水中浸泡，避免与空气接触氧化变色，影响汤品美观度。
2. 鱼头要在清水中多浸泡一会儿，更好地去除血水，也能去掉部分腥味。

做法

❶ 胖头鱼鱼头处理干净，对半切开，放入清水中浸泡 10 分钟，再用厨房纸吸干水分。

❷ 干竹荪提前 10 分钟泡软，去掉菌裙和根部，切成小段；山药洗净，去皮，切滚刀块。

❸ 姜去皮、切片；香葱去根，洗净，打成结。

❹ 锅中倒入橄榄油，烧至五成热时，放入鱼头煎至两面金黄，烹入花雕酒，放入姜片和香葱结，倒入适量清水，大火煮开后转小火，继续熬煮 10 分钟。

❺ 再撒入胡椒粉，放入山药块和竹荪段，中火继续熬煮 15 分钟。

❻ 关火前撒入适量盐调味即可。

香不可及

清炖鱼尾汤

4[illegible]分钟　低级

特色

鱼尾是整条鱼中最不被看中的部位，殊不知它可香着呢。不用加太多的调味品，倒点水炖一炖，鲜香四溢，只想霸占一整锅鱼尾汤。

主料

鲟鱼尾 1 条

辅料

姜 3 克
香葱 2 根
料酒 3 汤匙
陈皮 2 克
八角 2 个
胡椒粉 1/2 茶匙
香菜 1 根
橄榄油 2 汤匙
盐适量

做法

❶ 鲟鱼尾处理干净，两面各划 2 刀，用厨房纸吸干水分。

❷ 姜去皮、切片；香葱去根，洗净，打成结；香菜去根，洗净，切碎；陈皮洗净。

❸ 锅中倒入橄榄油，烧至五成热时放入鲟鱼尾，煎至两面金黄，烹入料酒。

❹ 再加入姜片、香葱结、陈皮、八角，倒入适量清水，大火煮开后转中火熬煮 25 分钟。

❺ 鱼尾汤煮好后撒入胡椒粉和适量盐搅拌均匀。

❻ 出锅前撒入香菜碎调味即可。

烹饪秘笈

鱼尾炖出来的汤很鲜，无须多放其他调味品，以免调味品太杂盖住鱼尾的鲜香。

特色

小时候，看到别人收拾鱼都把鱼鳔扔掉，不知道何时，鱼鳔成为餐桌上的美味。虽说有点腥味，但和鸡腿、紫苏放在一起就完全感觉不到了，而且鱼鳔爽脆鲜嫩、回味无穷。

鲜而不腥

紫苏鸡腿鱼鳔汤

⌛ 70 分钟　低级

主料

鲜鱼鳔 150 克
鸡腿 200 克

辅料

紫苏叶 65 克
姜 5 克
香葱 2 根
料酒 3 汤匙
胡椒粉 1/2 茶匙
盐适量

做法

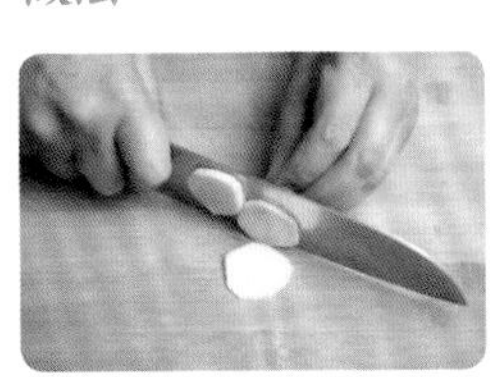

❶ 姜去皮、切片；香葱去根，洗净，打成葱结；紫苏叶洗净。

❷ 鱼鳔和鸡腿洗净，切成小块，放入开水中汆煮 3 分钟，捞出后冲洗干净。

❸ 把鱼鳔块、鸡腿块放入砂锅中，加入姜片和香葱结。

❹ 向砂锅中倒入料酒，加适量清水，大火煮开后转中小火熬煮 40 分钟。

❺ 然后撒入胡椒粉和适量盐调味。

❻ 放入紫苏叶，继续熬煮 2 分钟即可关火。

烹饪秘笈

1. 鱼鳔腥味较大，鸡腿的油脂可以吸取鱼鳔的部分腥味，使汤味更鲜。
2. 鲜鱼鳔可用干鱼鳔代替，但需提前泡发。

砂锅中的佼佼者

果蔬鱼丸砂锅

⌛ 50分钟　　中级

特色

提到砂锅，精神头就来了。众多砂锅中我只喜欢鱼丸砂锅。用鲅鱼肉亲手打出鱼丸，多选几种配菜，营养健康、鲜味十足，连米饭都可以不吃。

主料

鲅鱼肉 200 克

辅料

鸡蛋 1 个
淀粉 5 克
胡椒粉 1/2 茶匙
土豆粉 40 克
胡萝卜半根
鲜香菇 1 个
平菇 40 克
小油菜 2 根
木瓜 30 克
菠萝 80 克
蚝油 1 汤匙
生抽 3 汤匙
料酒 3 汤匙
香油 1/2 茶匙
泡椒 4 根
姜 2 克
香葱 1 根
盐适量

烹饪秘笈

可以加点辣酱在汤中，更能提鲜开胃，直接喝汤或者泡饭都很香。

做法

❶ 鲅鱼肉洗净，用厨房纸吸干水分，切成小块，放入料理机中打成细腻的鱼泥。

❷ 土豆粉浸泡在清水中；鲜香菇洗净，切成片；平菇洗净，掰成小朵；胡萝卜洗净，去皮，切块。

❸ 小油菜洗净；木瓜、菠萝分别去皮，切成滚刀块；姜去皮，切末；香葱去根，洗净，切碎。

❹ 鱼泥中磕入鸡蛋，加淀粉、胡椒粉、姜末、香葱碎、盐，分多次加入清水，搅拌上劲。

❺ 砂锅中倒入适量开水，加入泡椒、土豆粉、胡萝卜块、香菇片、平菇、木瓜块、菠萝块，倒入生抽、料酒、蚝油搅拌均匀，中火熬煮 10 分钟。

❻ 左手取适量鱼泥，从虎口处挤出光滑的鱼丸，右手拿勺将鱼丸挖入锅中。

❼ 待鱼丸煮熟漂起后，放入小油菜，继续煮 2 分钟，加适量盐，淋入香油调味即可。

高颜值家常汤

翡翠鱼丁羹

35 分钟 低级

特色

小白菜和白玉菇就像食材中的翡翠，清鲜翠绿，和肉质细嫩的龙利鱼煮一锅汤，清香鲜美，老少皆宜。

主料

龙利鱼 200 克
小白菜 35 克

辅料

鸡蛋 1 个
白玉菇 20 克
豆腐 40 克
姜 2 克
淀粉 5 克
胡椒粉 1/2 茶匙
橄榄油 2 汤匙
料酒 2 汤匙
盐适量

做法

❶ 龙利鱼洗净，用厨房纸吸干水分，切成 2 厘米见方的块，加胡椒粉和适量盐腌制 20 分钟。

❷ 小白菜洗净、切碎；白玉菇洗净；豆腐洗净，切成 2 厘米见方的块；姜去皮、切末。

❸ 将鸡蛋的蛋清、蛋黄分离；取蛋清留用，打散；淀粉加适量清水调成水淀粉。

❹ 锅中倒入橄榄油，烧热至五成时放入姜末爆香，随后下入白玉菇炒软，再加入豆腐，倒入适量清水。

❺ 大火煮开后滑入龙利鱼块，倒入料酒，中火熬煮 5 分钟。

❻ 再放入小白菜碎，倒入水淀粉搅匀，熬煮 2 分钟，均匀淋入鸡蛋清，撒入适量盐调味即可。

烹饪秘笈

1. 鸡蛋黄可留做他用。
2. 大火煮开后可以继续熬煮至汤汁发白，再滑入龙利鱼，煮出来的汤色泽更靓丽。

咸甜口味随意变换

莲藕桂花鱼蓉羹

⏳ 40 分钟　　低级

特色

首先闻到的是桂花香和莲藕的清香，再品尝到龙利鱼的爽滑鲜美。看名字觉得这道汤是甜的，想法不错，把盐换成糖就又是一种风味。

主料

龙利鱼 250 克
莲藕 100 克
干桂花 3 克

辅料

淀粉 3 克
柠檬半个
姜 2 克
料酒 1/2 茶匙
现磨黑胡椒粉 2 克
盐适量

做法

❶ 龙利鱼洗净，用厨房纸擦干水分，挤入柠檬汁，涂抹少许盐，均匀磨入黑胡椒粉，腌制 10 分钟。

❷ 腌好的龙利鱼放入蒸锅中，大火蒸 7 分钟，蒸好后捣成鱼蓉。

❸ 莲藕去皮、洗净，切成 1 厘米见方的块，浸泡在清水中。

❹ 姜去皮、切末；淀粉加适量清水调成水淀粉。

❺ 砂锅中放入莲藕，加适量清水，大火煮开后转中小火熬煮 10 分钟。

❻ 随后均匀滑入龙利鱼蓉，放入姜末和干桂花，倒入料酒，淋入水淀粉，中火熬煮 3 分钟。

❼ 出锅前加入适量盐调味即可。

烹饪秘笈

莲藕去皮切块后放入清水中浸泡，去除部分淀粉，煮出来的汤更清润。

美味源于碰撞

巴沙鱼柠檬羹

⧗ 55 分钟　　低级

特色

柠檬通常用来做饮品或者调味，现在大胆尝试把柠檬升级为主料，和巴沙鱼碰撞在一起，加入牛奶、蜂蜜和坚果碎，令你喝出新奇的滋味。

主料

巴沙鱼 200 克
柠檬 2 个

辅料

糯米 25 克
牛奶 200 毫升
混合坚果碎 3 克
料酒 2 汤匙
姜 2 克
细砂糖 30 克
胡椒粉 1/2 茶匙
蜂蜜 2 汤匙
盐适量

烹饪秘笈

1. 牛奶倒入锅中后要转小火，以防止潽锅，减少汤羹的奶香味。
2. 打柠檬泥之前取出柠檬子，口感更细腻，还可以减少苦涩的口感。

做法

❶ 糯米提前 3 小时浸泡在清水中。

❷ 糯米沥干水分，放入砂锅中，加入适量清水，大火煮开后转中小火熬煮 35 分钟。

❸ 巴沙鱼洗净，切成 1 厘米见方的块，倒入料酒，加胡椒粉和适量盐抓匀，腌制 20 分钟。

❹ 柠檬洗净，刮去外皮，放入料理机中，打成细腻的柠檬泥；姜去皮、切末。

❺ 往煮糯米的砂锅中倒入柠檬泥和细砂糖搅匀，继续熬煮 5 分钟。

❻ 倒入牛奶，滑入巴沙鱼块，放入姜末，调小火熬煮 3 分钟，出锅前撒少许盐调味。

❼ 盛出巴沙鱼柠檬羹，均匀淋入蜂蜜，撒入混合坚果碎即可。

香、滑、嫩、鲜

丝瓜鮰鱼粥

75分钟　低级

特色

鱼炖汤好喝，做粥也很美味，选点新鲜的鮰鱼肉腌制一下，切少许丝瓜片，放入浓稠香滑的大米粥中，既有高蛋白的鱼肉，也有鲜嫩的丝瓜，想想就觉得香。

主料

鮰鱼肉 100 克
大米 100 克

辅料

丝瓜 80 克
料酒 3 汤匙
姜 2 克
香葱 1 根
胡椒粉 1/2 茶匙
盐适量

做法

❶ 鮰鱼肉洗净，片成厚约 2 毫米的鱼片，加胡椒粉和适量盐拌匀，腌制 20 分钟。

❷ 大米淘净；丝瓜去皮、洗净，斜刀切成薄片；姜去皮、切末；香葱去根，洗净、切碎。

❸ 大米放入砂锅中，加入适量清水，大火煮开后转小火熬煮 30 分钟。

❹ 将丝瓜片放入锅中，继续熬煮 10 分钟。

❺ 再滑入鮰鱼片，倒入料酒，加姜末和香葱碎搅匀，熬煮至鮰鱼片变色。

❻ 关火前撒入适量盐调味即可。

烹饪秘笈

1. 鮰鱼片要片得薄一些，易熟也容易入味。
2. 丝瓜切好片后放入淡盐水中浸泡，防止与空气接触氧化变黑。

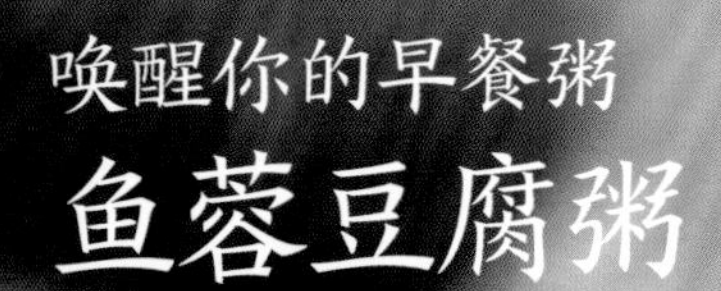

唤醒你的早餐粥

鱼蓉豆腐粥

⏳ 50 分钟　　低级

特色

在鲜香的熟鲫鱼上刮下鱼蓉，细腻嫩滑，和软嫩的豆腐一同放入大米粥中，喝到嘴里不用过度咀嚼，一口香到胃里，有这样一碗粥，早上不需要闹钟也能即刻起床。

主料

鲫鱼 1 条
豆腐 150 克
大米 100 克

辅料

鲜香菇 1 个
姜 3 克
香葱 1 根
胡椒粉 1/2 茶匙
料酒 1/2 汤匙
盐适量

做法

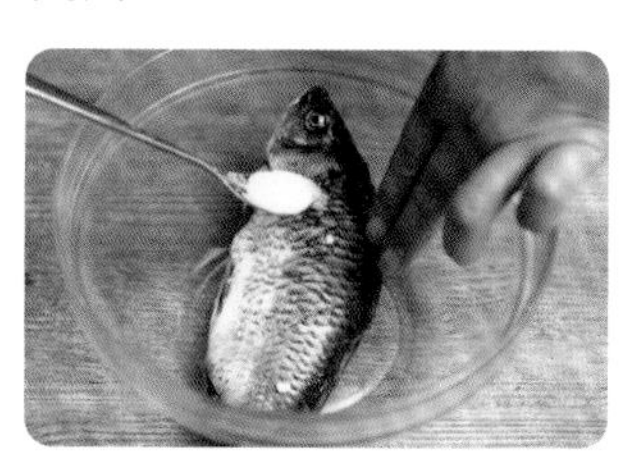

❶ 鲫鱼处理干净，鱼身两面各划几刀，涂抹适量盐，腌制 20 分钟。

❷ 大米淘净；豆腐洗净，捣碎，加少许盐拌匀；姜去皮，一半切片一半切末；香葱去根，洗净，切碎；香菇去根，洗净，切片。

❸ 大米放入砂锅中，加适量清水，大火煮开后放入豆腐碎，转中小火熬煮 30 分钟。

❹ 在煮粥的过程中，把腌好的鲫鱼放入冷水中，加入姜片，上锅煮熟捞出。

❺ 把鲫鱼的鱼骨、鱼刺全部挑出，捣成鱼蓉，加胡椒粉、料酒、姜末拌匀。

❻ 先将香菇片放入砂锅中，中小火煮 10 分钟后放入鱼蓉搅散，随后撒入少许盐和香葱碎调味即可。

烹饪秘笈

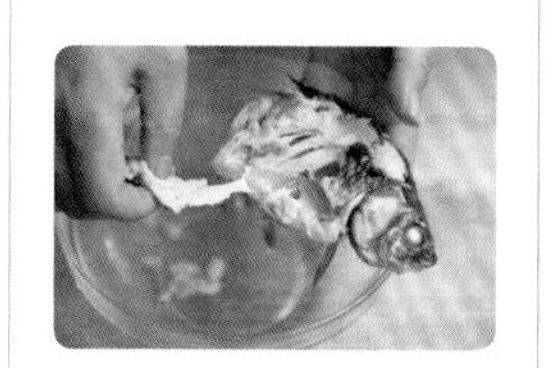

鲫鱼取鱼蓉时一定要把鱼骨、鱼刺挑得很干净，避免影响口感。鲫鱼的小刺比较软，喝粥时要注意一下是否有鱼刺。

多了一份大米更香滑

番茄鱼片粥

⌛ 50 分钟　　低级

特色

常喝番茄鱼片汤，换成粥版也不错，可以理解成番茄鱼片汤泡饭，只是这个粥更香滑。不管怎么理解，总之很好喝就对了。

主料

黑鱼肉 200 克
番茄 2 个
大米 100 克

辅料

姜 2 克
香葱 1 根
料酒 2 汤匙
胡椒粉 1/2 茶匙
盐适量

烹饪秘笈

可以将番茄块放入锅中和大米一同煮，番茄的汤汁溶解在粥中，味道更浓郁，口感也更嫩滑。

做法

❶ 黑鱼洗净，片成厚约 2 毫米的鱼片，撒入胡椒粉和适量盐拌匀，腌制 20 分钟。

❷ 番茄顶部划十字，开水烫一下，撕掉外皮，切成小块。

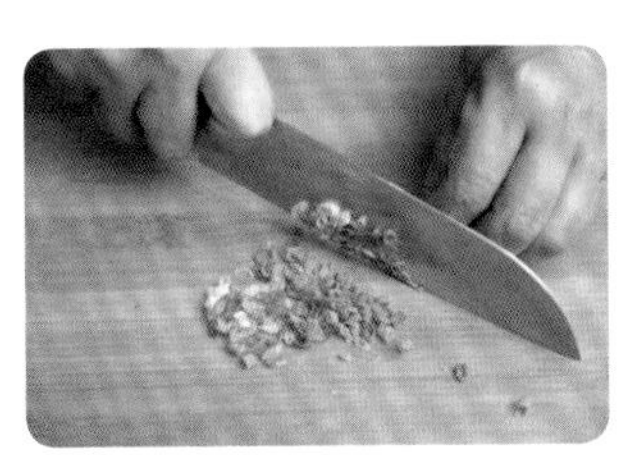

❸ 大米淘净；姜去皮、切末；香葱去根，洗净、切碎。

❹ 砂锅放入大米，加适量清水，大火煮开，再加入番茄块，调中小火熬煮 30 分钟。

❺ 随后滑入黑鱼肉片，加入料酒和姜末，煮至鱼片变色，加少许盐调味。

❻ 关火前，撒入香葱碎拌匀即可。

清新又鲜美

白菜鱼骨粥

⧗ 55 分钟　　低级

特色

将鱼骨煎炒一下，加水熬汤做底，放入大米熬煮成粥，大米的清香和鱼的鲜香融为一体，再来两片新鲜的白菜叶，不会让这碗粥过于单调，清新又鲜美。

主料

草鱼鱼头鱼尾鱼骨 1 副
白菜叶 200 克
大米 100 克

辅料

胡萝卜 30 克
姜 2 克
香葱 1 根
料酒 2 汤匙
橄榄油 2 汤匙
胡椒粉 1/2 茶匙
盐适量

做法

❶ 鱼头、鱼尾、鱼骨洗净，加胡椒粉和适量盐腌制 20 分钟。

❷ 大米淘净；白菜叶洗净，撕成小块；胡萝卜洗净，去皮、切碎；姜去皮，切末；香葱去根，洗净、切碎。

❸ 锅中倒入橄榄油，烧至五成热时，下入姜末炒香。

❹ 随后放入腌好的鱼头、鱼尾、鱼骨，煎炒至两面金黄，烹入料酒，随后倒入适量清水，大火煮开后转中火熬煮 20 分钟。

❺ 熬好的鱼汤过滤一下鱼头、鱼骨、鱼刺，再倒回锅中，加入大米和胡萝卜碎，中小火熬至软烂。

❻ 随后放入白菜叶，继续熬煮 5 分钟，关火前加入香葱碎和少许盐调味即可。

烹饪秘笈

过滤出来的鱼汤用来煮粥，若水量不够，可以加适量清水，避免煳锅。

特色

日常多吃点粗粮对身体有好处，粗粮中的膳食纤维比较多，肠胃不好的可以多用来煮粥，添点新鲜的鱼片。鱼肉的滑嫩可以改善粗粮的口感，而且有多重滋味，好喝又营养。

主料

草鱼肉 200 克
混合杂粮米 100 克

辅料

姜 2 克
香葱 1 根
胡椒粉 1/2 茶匙
料酒 2 汤匙
盐适量

吃粗粮的好办法

鱼片杂粮粥

60 分钟　低级

做法

烹饪秘笈

提前浸泡杂粮米可以缩短煮粥的时间，更易软烂入味。

❶ 混合杂粮米淘净，提前隔夜用清水浸泡。

❷ 草鱼肉洗净，切成小块，加胡椒粉和适量盐腌制 20 分钟。

❸ 姜去皮、切末；香葱去根，洗净、切碎。

❹ 砂锅中放入杂粮米，加入适量清水，大火煮开，转中小火熬至杂粮米软烂。

❺ 随后下入草鱼块，倒入料酒，加入姜末搅匀。

❻ 待鱼肉变色后，撒入香葱碎和少许盐调味即可。

女性美容养颜佳品

皮蛋鱼皮粥

⏳ 55 分钟　　低级

特色

原本就好喝的皮蛋粥再放入鱼皮，简直好喝到想哭。放一棵油菜，能去腥还可以解腻。鱼皮中含有大量的胶原蛋白，这道粥绝对是女士美容养颜的佳品。

主料

鲤鱼皮 100 克
皮蛋 1 个
大米 100 克

辅料

油菜 1 棵
姜 2 克
香葱 1 根
料酒 2 汤匙
胡椒粉 1/2 茶匙
橄榄油 2 汤匙
盐适量

做法

❶ 鲤鱼皮洗净，切成小块，加胡椒粉和适量盐腌制 20 分钟。

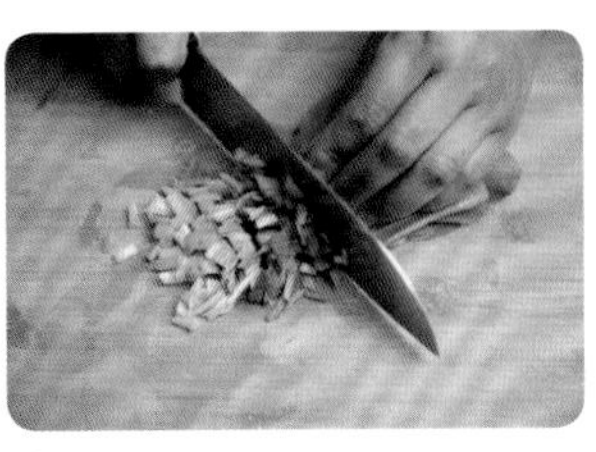

❷ 大米淘净，入砂锅煮粥；油菜洗净，切碎；皮蛋剥皮，切碎；姜去皮，切末；香葱去根，洗净，切碎。

❸ 砂锅中倒入橄榄油，烧至五成热时，下入姜末爆香。

❹ 随后放入鲤鱼皮、皮蛋碎，炒至微黄，烹入料酒，再倒入适量清水炒匀。

❺ 加入到大米粥锅中搅拌一下，大火煮开后转中小火熬煮 30 分钟。

❻ 再下入油菜碎熬煮 3 分钟，撒入香葱碎和少许盐调味即可。

烹饪秘笈

在炒鲤鱼皮与皮蛋时，烹入适量料酒，可以去腥。

鲜美的粤式粥

生滚鱼片粥

⌛ 45 分钟　　低级

特色

大米先下锅熬煮至好喝的口感，再下入三文鱼片滚熟，即刻释放出鲜美的气息。放一棵油菜，翠绿诱人，口感脆嫩，好吃极了。

主料

三文鱼 100 克
大米 100 克

辅料

鲜香菇 2 个
油菜 1 棵
香菜 1 根
姜 2 克
料酒 2 汤匙
柠檬半个
盐适量

做法

❶ 大米淘净；鲜香菇洗净，切片。

❷ 大米和香菇片放在砂锅中，加适量清水，大火煮开后转中小火熬煮 30 分钟。

❸ 三文鱼洗净，用厨房纸吸干水分，切成薄约 2 毫米的片，挤入柠檬汁，加少许盐腌制 20 分钟。

❹ 油菜洗净、切碎；香菜去根，洗净，切末；姜去皮，切末。

❺ 将腌好的三文鱼滑入砂锅中，倒入料酒，加入油菜碎和姜末搅拌均匀，熬煮 2 分钟。

❻ 出锅前撒入香菜碎调味即可。

烹饪秘笈

煮好粥以后，可以用勺子先捣一捣里面的三文鱼，使其变得碎一些，吃起来更方便。

看着漂亮，喝着舒服

五彩银鱼粥

⌛ 45 分钟　　低级

特色

五颜六色的蔬菜，嫩白净透的小银鱼，令这碗粥颜值极高。喝一口粥，嘴里瞬间感觉到银鱼的嫩和蔬菜的香，这时候发现，大米香不香已经不重要了。

主料

银鱼 60 克
小米 85 克

辅料

胡萝卜 30 克
油菜 1 根
鲜香菇 1 个
熟玉米粒 15 克
紫甘蓝 30 克
姜 2 克
料酒 2 汤匙
盐适量

做法

❶ 小米淘净，和熟玉米粒一同放入砂锅中，加入适量清水，大火煮开后转中小火熬煮 30 分钟。

❷ 银鱼洗净，加料酒和适量盐抓匀，腌制 20 分钟。

❸ 胡萝卜洗净，去皮，切碎；油菜、鲜香菇、紫甘蓝洗净，分别切碎；姜去皮，切末。

❹ 将银鱼、胡萝卜碎、香菇碎、姜末放入砂锅中搅匀，熬煮 5 分钟。

❺ 随后下入油菜碎、紫甘蓝碎继续熬煮 2 分钟，加适量盐调味即可。

烹饪秘笈

银鱼味道很鲜，不要放过多调味品，否则会盖住银鱼的鲜味，降低粥的口感。

有鱼的主食才饱

3

CHAPTER

快手易学

三文鱼蒸饭

60 分钟　低级

特色

米饭的吃法永远不嫌多，可以炒饭、焖饭、煮粥、汤泡饭……在这道蒸饭中，先把米饭焖至八成熟，再将三文鱼打成泥，扣到米饭上再上锅蒸，成品口感细腻香滑，吃起来美滋滋的。

主料

三文鱼 400 克
米饭 150 克

辅料

圣女果 3 个
鲜香菇 4 个
胡萝卜 30 克
柠檬半个
现磨黑胡椒碎 2 克
盐适量

做法

❶ 大米淘净，放在适用于微波炉的容器中，加适量清水，放入微波炉，调蒸饭模式将米饭蒸至八成熟。

❷ 三文鱼洗净，切小块，磨入黑胡椒碎，撒入适量盐，腌制 15 分钟。

❸ 腌好的三文鱼块放入料理机中，挤入柠檬汁，打成细腻的泥。

❹ 圣女果洗净，一切两半；鲜香菇洗净，切碎；胡萝卜去皮，洗净，切碎。

❺ 香菇碎、胡萝卜碎一同放入三文鱼泥中，再撒入适量盐，搅拌均匀。

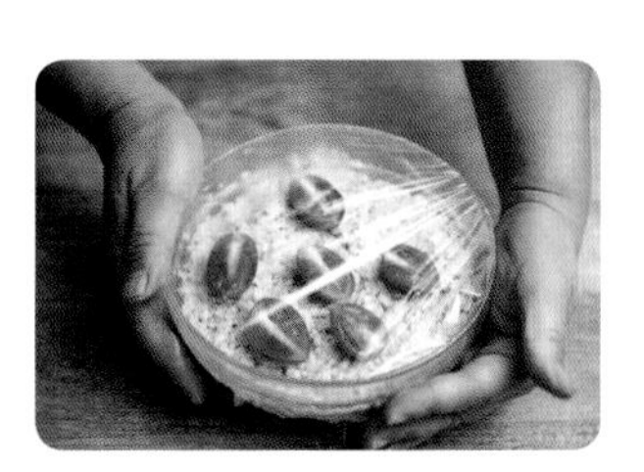

❻ 取出米饭，把三文鱼泥倒在米饭上刮平，点缀上圣女果，放回微波炉，中高火转 15 分钟即可。

烹饪秘笈

香菇碎和胡萝卜碎的加入，可以吸收部分三文鱼的油脂，吃起来不会腻，也可以换成自己喜欢的配菜。

鲜香扑鼻、味道满分

鳗鱼盖饭

15 分钟　低级

特色

想吃鳗鱼饭，又希望做法快手简单，这要求高不高？别担心，这个制作方法就能满足你，味道绝对不比日料店里的差，咸中带甜，香而不腻，而且十几分钟就能上桌！

主料

市售冷冻鳗鱼 600 克
熟米饭 200 克

辅料

鸡蛋 1 个
海苔 1 片
熟白芝麻 1 克
甜酱油 3 汤匙
甜米酒 3 汤匙
蜂蜜 3 汤匙

做法

❶ 鸡蛋打散成鸡蛋液，倒在加热好的不粘锅中，摊成薄蛋皮，盛出切成细丝。

❷ 海苔切成细丝。

❸ 鳗鱼撕掉外包装袋，放在烤盘中，推入预热好的烤箱中层，上下火 200℃烤 5 分钟，烤好后切成段。

❹ 熟米饭装在大小适宜的碗中，倒扣在盘上。

❺ 甜酱油、甜米酒、蜂蜜混合均匀，一同倒入锅中，烧至沸腾，制成酱汁。

❻ 烤好的鳗鱼段放在米饭旁，淋入酱汁，摆入海苔丝和蛋皮丝，撒入熟白芝麻即可。

烹饪秘笈

一般市售冷冻鳗鱼都是半成品，烹饪起来非常方便，但一定要掌握好火候，避免煳锅。

一日三餐吃不厌

番茄豇豆鱼汤饭

⌛ 50分钟　　低级

特色

熬煮的鳕鱼汤清香鲜美，番茄软烂酸甜，可缓解食欲不振。勺子舀一口汤饭，有米有汤还有菜，搭配一起吃，香浓完美！

主料

鳕鱼 300 克
番茄 1 个
豇豆 60 克
熟米饭 120 克

辅料

豆腐 40 克
姜 2 克
料酒 2 汤匙
胡椒粉 1/2 茶匙
橄榄油 3 汤匙
盐适量

做法

❶ 鳕鱼解冻后洗净，切成 2 厘米见方的块，加胡椒粉和适量盐腌制 20 分钟。

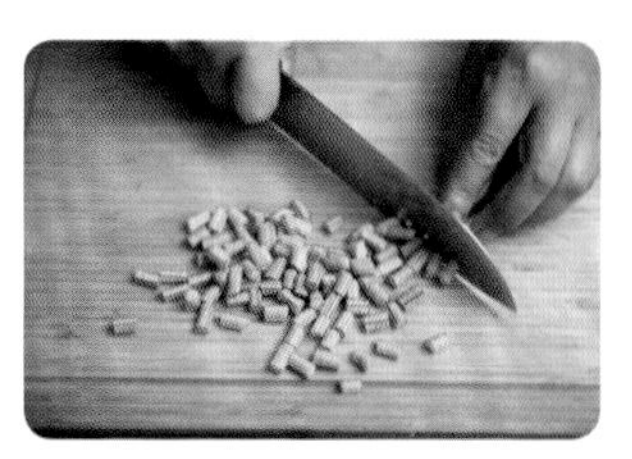

❷ 番茄顶部划十字，开水烫一下，去皮、切小块；豇豆洗净、切丁。

❸ 姜去皮、切末；豆腐洗净，切成 1 厘米见方的块。

❹ 锅中倒入橄榄油，烧至五成热时放入姜末爆香，随后放入豇豆丁，中火翻炒 5 分钟，再下入番茄块炒出较多的汤汁。

❺ 加入豆腐块，倒入适量清水，放熟米饭搅散，大火煮开，转中火熬煮。

❻ 煮至米粒绵软时滑入鳕鱼块，倒入料酒，继续熬煮 10 分钟，关火前加适量盐调味即可。

烹饪秘笈

1. 炒豇豆时可以加少许盐，颜色更青翠。
2. 这道汤泡饭，做出来的米饭口感偏软，若喜欢口感硬一些的可以后加入熟米饭。

银鱼香葱汤泡饭

30 分钟　低级

特色

鲜美的银鱼过油翻炒，加水大火煮开，汤就有了，再把熟米饭倒入锅中搅散，汤泡饭就成了。如果这个吃腻了，用同样的方法做其他的泡饭也很简单。

主料

银鱼 30 克
香葱 40 克
熟米饭 120 克

辅料

姜 2 克
胡椒粉 1/2 茶匙
料酒 2 汤匙
橄榄油 2 汤匙
盐适量

做法

❶ 银鱼洗净，加胡椒粉、料酒和适量盐拌匀，腌制 20 分钟。

❷ 香葱洗净，去根，切碎；姜去皮、切末。

❸ 锅中倒入橄榄油，烧至五成热，放姜末爆香，再加入银鱼中火翻炒 2 分钟。

❹ 随后倒入适量清水，加熟米饭搅散，大火煮开。

❺ 煮至米粒绵软，放入香葱碎搅匀，再煮 2 分钟，加适量盐调味即可。

烹饪秘笈

银鱼肉质鲜嫩，个头小巧易熟，翻炒时间不要太久，否则会肉质发硬影响口感。

吃一口无法自拔

咸蛋黄鲮鱼炒饭

20 分钟　低级

特色

有鲮鱼罐头时能多吃好几碗米饭。把鲮鱼撕碎、咸蛋黄捣碎，和熟米饭一起炒，鲮鱼酥香下饭，咸蛋黄油润喷香，一口气能吃三碗炒饭。

主料

豆豉鲮鱼罐头 130 克
生咸鸭蛋黄 2 个
熟米饭 150 克

辅料

生抽 2 汤匙
料酒 2 汤匙
香葱 1 根
橄榄油 2 汤匙
熟玉米粒 20 克
熟青豆 20 克

烹饪秘笈

1. 豆豉鲮鱼罐头中的油汁要沥干，否则炒出来的米饭太油腻。
2. 豆豉鲮鱼罐头、咸蛋黄和生抽都有咸味，无须再加盐。

做法

❶ 生咸鸭蛋黄放入小碗中，倒入料酒，放在蒸锅上蒸熟，捣碎。

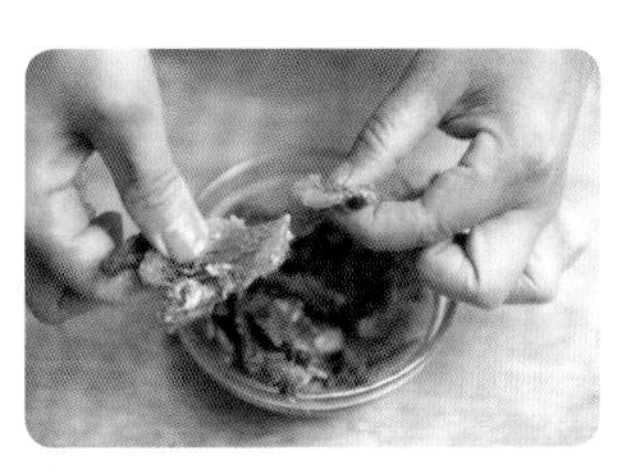

❷ 豆豉鲮鱼罐头撕碎；香葱去根、洗净、切碎。

❸ 炒锅中倒入橄榄油，烧至五成热时放入香葱碎爆香，放入熟玉米粒和熟青豆，中火翻炒 2 分钟。

❹ 倒入熟米饭炒散，加入咸蛋黄碎和豆豉鲮鱼碎，淋入生抽炒匀即可。

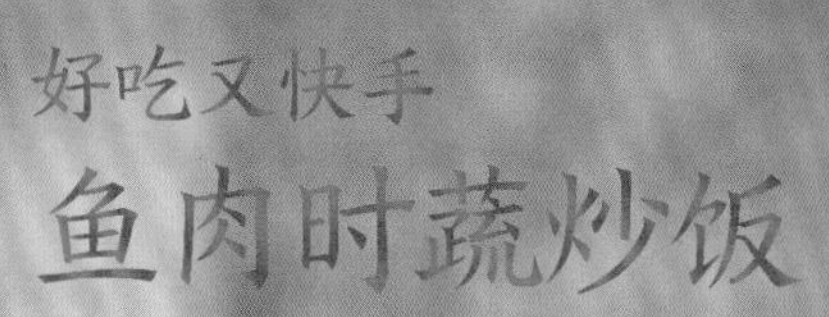

好吃又快手

鱼肉时蔬炒饭

35 分钟　　低级

特色

鱼肉这样炒鲜香入味，撒一把家常时蔬，放入熟米饭，只需几种简单的调味品就能出锅。鱼肉香滑细嫩，米饭粒粒分明，美好的早上来一碗，浑身充满能量。

主料

草鱼肉 200 克
熟米饭 150 克

辅料

胡萝卜半根
黄瓜半根
油菜 1 根
鲜香菇 2 个
紫甘蓝 50 克
胡椒粉 1/2 茶匙
料酒 2 汤匙
香葱 1 根
姜 2 克
酱油 2 汤匙
橄榄油 3 汤匙
盐适量

烹饪秘笈

时蔬在炒的过程中会出水，要选用稍微干的熟米饭，否则炒饭会变得很黏稠。

做法

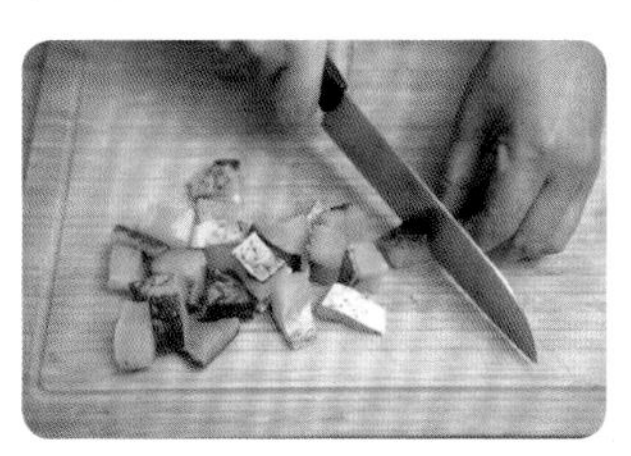

❶ 草鱼肉洗净，切成 1 厘米见方的块，加胡椒粉和适量盐抓匀，腌制 20 分钟。

❷ 胡萝卜去皮，洗净，切丁；黄瓜洗净，切丁；油菜、鲜香菇、紫甘蓝洗净，切碎。

❸ 姜去皮、切末；香葱去根、洗净、切碎。

❹ 橄榄油倒入炒锅中，烧至五成热时，放入姜末和香葱碎炒香，随后下入草鱼肉丁，烹入料酒，中火炒至变色。

❺ 再依次放入胡萝卜丁、黄瓜丁、香菇碎、紫甘蓝碎，倒入酱油，中火翻炒 3 分钟。

❻ 放入熟米饭，加适量盐，炒散炒匀，下入油菜碎，待油菜碎炒软后关火即可。

亲手做的才过瘾

时蔬带鱼焖饭

⏳ 45分钟　低级

特色

过瘾的主食一定是自己亲手做的。选用肉厚刺少的带鱼和不同种类的时蔬，轻松做出鲜香四溢、清香爽口的焖饭。

主料

带鱼 6 段
大米 150 克

辅料

胡萝卜半根
白玉菇 40 克
紫甘蓝 30 克
紫洋葱 40 克
料酒 2 汤匙
生抽 4 汤匙
蚝油 2 汤匙
白糖 1/2 茶匙
胡椒粉 1/2 茶匙
姜 2 克
香葱 1 根
橄榄油 3 汤匙
盐适量

烹饪秘笈

将带鱼提前煎至五成熟，使其表皮鲜香，部分入味，焖煮的时候更容易熟透，味道更鲜美。

做法

❶ 姜去皮，切成厚约 2 毫米的片；香葱去根，洗净、切碎。

❷ 带鱼处理干净，加料酒、姜片、胡椒粉、适量盐及 2 汤匙生抽拌匀，腌制 20 分钟。

❸ 大米淘净，放在电饭煲中，加入适量清水，开启焖饭模式，焖至八成熟。

❹ 平底锅中倒入橄榄油，烧至五成热时，放入腌好的带鱼段煎至五成熟。

❺ 胡萝卜去皮，洗净、切丝；紫甘蓝、紫洋葱分别洗净、切丝；白玉菇洗净，放入开水中焯熟。

❻ 将蚝油、白糖、香葱碎及剩余生抽混合均匀调成料汁。

❼ 将煎好的带鱼段、胡萝卜丝、紫甘蓝丝、紫洋葱丝、白玉菇依次摆入电饭煲内。

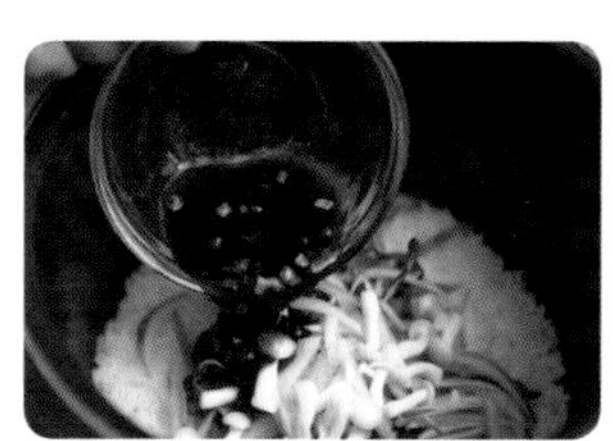

❽ 均匀淋入料汁，焖至米饭熟透即可。

开辟一味新甜品

三文鱼泥乳蛋饼

⏳ 60分钟　低级

特色

喜欢吃鱼又爱吃甜品，那就来一个结合版的吧。将鱼肉蒸熟捣碎，再和多种食材混合拌匀，扔进烤箱，烤到飘出淡淡奶香，吃起来鱼嫩味鲜，还有一丝香甜味。

主料

三文鱼 150 克

辅料

面粉 70 克
牛奶 80 毫升
淡奶油 35 克
鸡蛋 2 个
圣女果 5 个
秋葵 2 个
口蘑 2 个
胡萝卜 30 克
马苏里拉奶酪丝 50 克
黑胡椒粉 3 克
柠檬半个
橄榄油 3 汤匙
盐适量

做法

❶ 三文鱼洗净，挤入柠檬汁，加 1 克黑胡椒粉和适量盐腌制 20 分钟，放入蒸锅中大火蒸 5 分钟，捣碎。

❷ 圣女果洗净，一切两半；秋葵洗净，去蒂、切圈。

❸ 胡萝卜去皮、洗净，口蘑洗净，分别切碎。

❹ 将除圣女果、秋葵以外的食材，加适量盐和清水搅拌均匀，随后倒在 9 寸的模具中刮平。

❺ 再随意摆入圣女果和秋葵圈，放入预热好的烤箱中层，上下火 200℃烤 20 分钟即可。

烹饪秘笈

混合面糊倒入模具之前，在模具内壁先刷一层橄榄油，可以防粘，也容易脱模。

特色

银鱼鲜美，各种吃法都耐人寻味，而且做法超级简单。早上起床抓一把银鱼，切两棵青菜，撒点面粉，搅拌均匀，上锅一摊，美好的早餐就做好了。

早餐就好吃一口饼
银鱼青菜饼

30 分钟　低级

主料

银鱼 80 克
青菜 40 克

辅料

鸡蛋 2 个
面粉 120 克
香葱 2 根
胡椒粉 1/2 茶匙
橄榄油 60 毫升
生抽 2 汤匙
料酒 1/2 茶匙
盐适量

烹饪秘笈

青菜碎撒入盐后会出一部分水，所以在调面糊时不要放太多水。

做法

❶ 青菜洗净，切碎；香葱去根、洗净、切碎。

❷ 鸡蛋磕入面粉中，加入适量清水，调成细腻的面糊。

❸ 向面糊中加入银鱼、青菜碎、香葱碎、胡椒粉，倒入生抽、料酒，撒入适量盐，搅拌均匀。

❹ 平底锅中倒入适量橄榄油，烧至五成热时，倒一勺面糊，摊成厚约 5 毫米的饼。

❺ 待表层凝固后翻另一面，煎至金黄即可。

口水快流下来了

番茄鱼肉馅饼

⌛ 60分钟　　中级

特色

看这个标题就要流口水了，鲜香的鱼肉馅放入番茄块，连汤带汁一同包入面皮中，烙至两面金黄，吃时滋出一口汤，香爆了。

主料

草鱼肉 400 克
番茄 4 个
面粉 250 克

辅料

鸡蛋 1 个
姜 2 克
香葱 30 克
胡椒粉 1/2 茶匙
蚝油 2 汤匙
料酒 2 汤匙
橄榄油 60 毫升
盐适量

烹饪秘笈

番茄容易出汤汁，搅拌好的馅料要及时包入面皮中，尽快烹饪，或者拌馅时多放点淀粉，也可以缓解馅料出水的现象。

做法

❶ 鸡蛋磕入面粉中，加适量清水和成光滑的面团，包上保鲜膜，醒面 30 分钟。

❷ 草鱼肉洗净，切成小块，加少许盐，倒入料酒，腌制 20 分钟，放入料理机中打成细腻的泥。

❸ 番茄顶部划十字，开水烫一下，去皮，切成碎块；香葱去根，洗净，切碎；姜去皮，切末。

❹ 鱼泥中加入番茄块、香葱碎、姜末、胡椒粉、蚝油、适量盐，搅拌上劲成馅料。

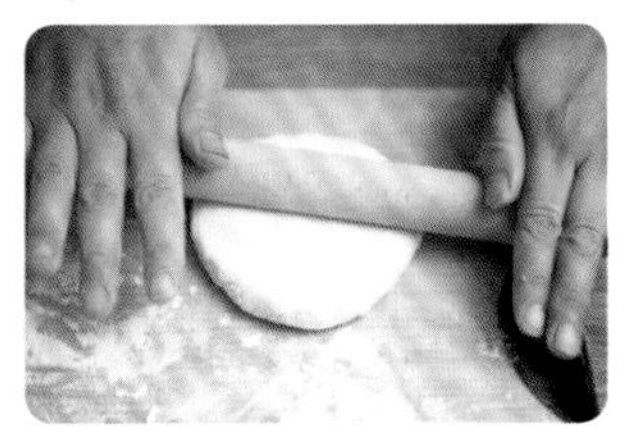

❺ 面团撕掉保鲜膜，分成多个等量的小剂子，擀成适量大小的面皮。

❻ 取适量馅料放入面皮中，先将四周边缘收起，再擀成馅饼。

❼ 平底锅中倒入适量橄榄油晃匀，烧至五成热时放入馅饼，中小火烘至两面金黄熟透即可。

金黄香嫩

豆腐龙利鱼饼

⌛ 45 分钟　　低级

特色

只需要简单几步就能做出金黄香嫩的鱼饼。如果担心吃起来腻，可以加少量的蔬菜，还多了一分爽脆的口感。

主料

龙利鱼 300 克
豆腐 250 克

辅料

鸡蛋 1 个
面粉 50 克
胡萝卜半根
小白菜 30 克
胡椒粉 1/2 茶匙
蚝油 2 汤匙
橄榄油 30 毫升
姜 2 克
盐适量

做法

❶ 豆腐洗净，龙利鱼解冻、洗净，分别放入蒸锅中蒸熟并捣碎。

❷ 胡萝卜洗净，去皮，切碎；小白菜洗净，切碎。

❸ 将龙利鱼碎、豆腐碎、胡萝卜碎、小白菜碎与面粉混合，磕入鸡蛋，加胡椒粉、蚝油、姜、适量盐，再倒入适量清水，搅拌成豆腐鱼糊。

❹ 取适量豆腐鱼糊按压成小圆饼。

❺ 平底锅中倒入适量橄榄油，放入小圆饼，小火烘至两面金黄熟透即可。

烹饪秘笈

1. 将豆腐提前蒸熟，可以去除豆腐中的一些特殊味道，增加清香味。
2. 龙利鱼提前蒸熟方便捣碎，吃起来口感更细腻。

特色

这款饼类似于肉夹馍，但选取的是方便快捷的豆豉鲮鱼罐头，剁点青椒香菜在里面，缓解油腻的口感。夹鲮鱼的荷叶饼香甜柔软，外观精致，口感鲜香，瞬间秒杀一切主食。

外软里香

豆豉鲮鱼荷叶饼

120 分钟　中级

主料

豆豉鲮鱼罐头 1 盒
面粉 200 克

辅料

鸡蛋 1 个
酵母粉 1 茶匙
香菜 10 克
青椒半个
橄榄油 1 汤匙
蜂蜜适量

做法

❶ 酵母粉加温水溶解，倒入面粉中，磕入鸡蛋，再加蜂蜜和适量清水，和成光滑的面团，包上保鲜膜，发酵至两倍大。

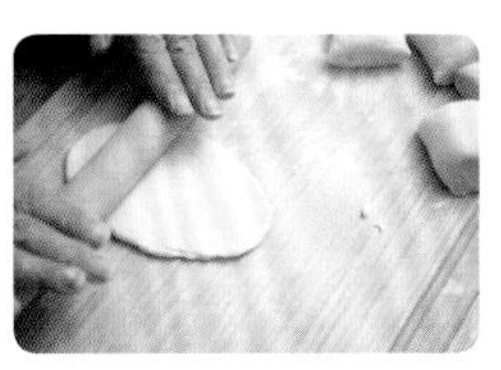

❷ 发酵好的面团撕掉保鲜膜，分成等量的小剂子，擀成牛舌饼的形状。

❸ 在牛舌状的面饼上涂一层橄榄油，然后对折，用叉子压出荷叶纹路的样子，再用手捏出荷叶柄。

❹ 荷叶饼盖好蒸屉布，静置20分钟，随后放入蒸锅中大火蒸20分钟至熟，取出后放在盘中待用。

❺ 香菜去根，洗净，切碎；青椒洗净，切碎。

❻ 豆豉鲮鱼罐头切成小丁，混合香菜碎和青椒碎拌匀成夹菜。

❼ 取一个荷叶饼，从中间掰开，填入适量的夹菜即可。

烹饪秘笈

1. 荷叶饼的纹路要压得深一些，蒸出来才更明显，形态更美观。
2. 蒸好的荷叶饼不要立刻掀开锅盖，要虚蒸2分钟定形。

妙不可言

舌鳎鱼灌汤包

⏳ 100分钟 中级

特色

灌汤包不仅仅是猪肉馅哦，但没有猪肉也确实不好吃，缩减猪肉的用量，多放一些舌鳎鱼肉和肉皮冻，汤汁鲜浓，咸香可口。

主料

舌鳎鱼 350 克
面粉 150 克

辅料

澄粉 80 克
鸡蛋 1 个
香葱 60 克
猪肉糜 80 克
肉皮冻 400 克
姜 2 克
五香粉 1/2 茶匙
生抽 2 汤匙
料酒 4 汤匙
淀粉 5 克
香油 1/2 茶匙
橄榄油 20 克
盐适量

烹饪秘笈

1. 擀出来的面皮越薄，通透感越好。
2. 根据个人习惯，灌汤包的大小不等，蒸的时间长短也不同。
3. 灌汤包的口要收紧，否则汤汁容易流出来。

做法

❶ 鸡蛋磕入面粉中，加澄粉，分批次倒入适量温水，和成光滑的面团，包上保鲜膜，醒面 50 分钟。

❷ 舌鳎鱼洗净，切成小块，放入料理机中，加 2 汤匙料酒，打成细腻的鱼泥。

❸ 香葱去根、洗净、切碎；姜去皮、切末；肉皮冻切成碎块。

❹ 鱼泥、猪肉糜混合，加入肉皮冻碎、香葱碎、姜末、淀粉、五香粉、适量盐，倒入生抽、剩余料酒、香油、橄榄油，顺时针搅拌上劲成馅料。

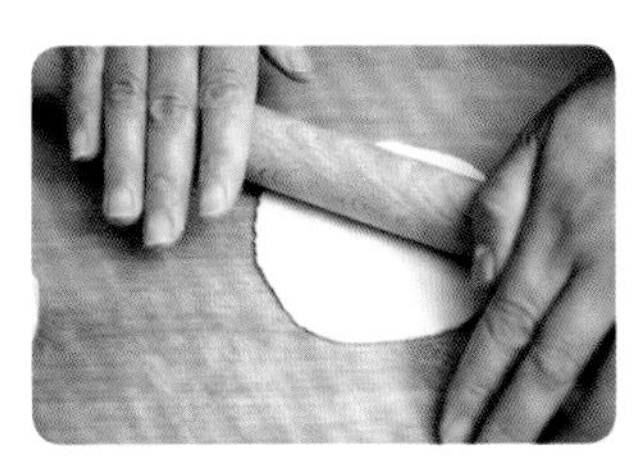

❺ 面团撕掉保鲜膜，分成等量的小剂子，擀成中间厚四周薄的面皮。

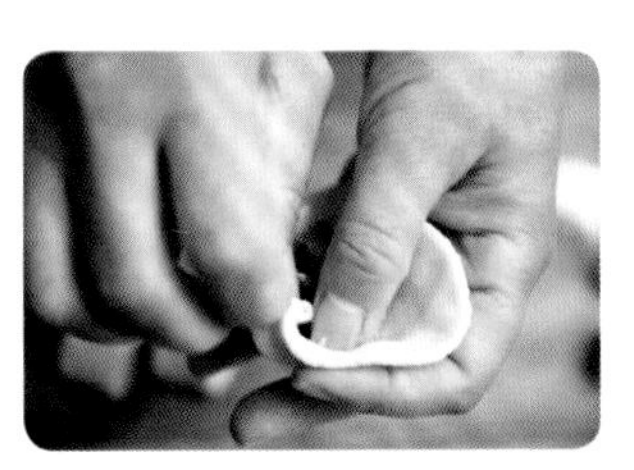

❻ 取适量馅料放入面皮中，收紧口，成灌汤包。

❼ 蒸锅中加适量水烧开，把灌汤包放入蒸屉上，大火蒸 10 分钟即可。

入口鲜香，口口都满足

多宝鱼韭黄包

120 分钟　中级

特色

多宝鱼肉质丰厚鲜嫩，韭黄辛香增进食欲，虾仁鲜嫩弹滑，几种好吃的食材搭配在一起做成馅，包入面皮中，蒸出来香气扑鼻。

主料

多宝鱼 2 条
韭黄 100 克
面粉 250 克

辅料

鸡蛋 1 个
虾仁 100 克
姜 2 克
料酒 2 汤匙
生抽 2 汤匙
五香粉 1/2 汤匙
香油 1/2 茶匙
橄榄油 20 克
淀粉 5 克
酵母粉 5 克
盐适量

做法

❶ 酵母粉加温水溶解，倒入面粉中，再分批次加适量清水和成光滑的面团，裹上保鲜膜，发酵至两倍大。

❷ 多宝鱼洗净，沿着鱼骨片下两面鱼肉，放入料理机中打成细腻的鱼泥。

❸ 韭黄洗净、切碎；姜去皮、切末；虾仁洗净、切碎。

❹ 鱼泥中磕入鸡蛋，加入韭黄碎、姜末、虾仁碎，倒入料酒、生抽、五香粉、香油、橄榄油、淀粉、适量盐，搅拌上劲成馅料。

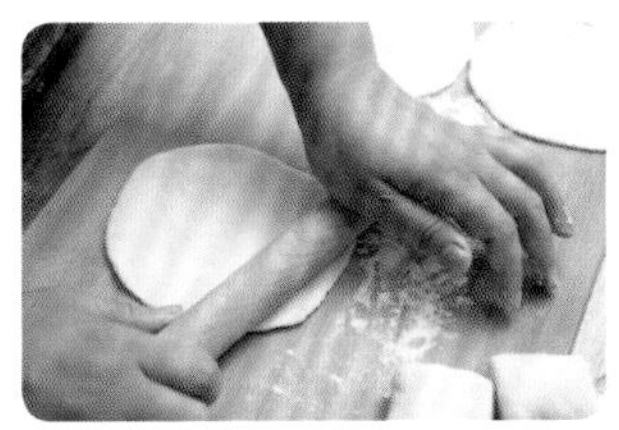

❺ 面团撕掉保鲜膜，分成等量的剂子，擀成中间厚四周薄的面皮。

❻ 取适量馅料放入面皮中，收紧边口，成多宝鱼韭黄包。

❼ 蒸锅中加适量水烧开，把多宝鱼韭黄包放入蒸屉上，大火蒸 10 分钟即可。

烹饪秘笈

要用 37℃～40℃的温水来溶解酵母粉，水温太高或太低都不利于酵母粉活化。

出类拔萃的鲜美

金枪鱼泡菜馄饨

⌛ 40 分钟　　低级

特色

虽说吃馄饨图方便，少油烟、少刷碗，但馅料也要讲究一下。金枪鱼打成泥和泡菜拌在一起，鲜美浓郁，酸辣爽脆，与众不同的风味更耐人寻味。

主料

金枪鱼 400 克
泡菜 250 克
馄饨皮 250 克

辅料

干海米皮 5 克
紫菜 2 克
鸡蛋 2 个
姜 2 克
香葱 10 克
料酒 2 汤匙
淀粉 5 克
香油 1/2 茶匙
五香粉 1/2 茶匙
盐适量
食用油 1 汤匙

烹饪秘笈

泡菜汁是很好的调味品，泡菜挤出来的汁可以用于和馅料，或者加入馄饨汤中调味，味道更鲜香。

做法

❶ 金枪鱼洗净，放入料理机中打成细腻的鱼泥。

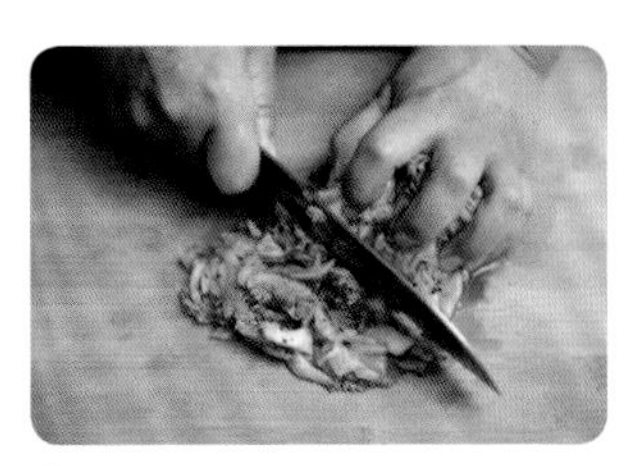

❷ 泡菜切碎，挤干汤汁；姜去皮、切末；香葱去根、洗净、切碎；紫菜捏碎；干海米皮洗净。

❸ 鱼泥中打入 1 个鸡蛋，加入泡菜碎、姜末、香葱碎、淀粉、五香粉、适量盐，倒入料酒、香油，搅拌上劲成馅料。

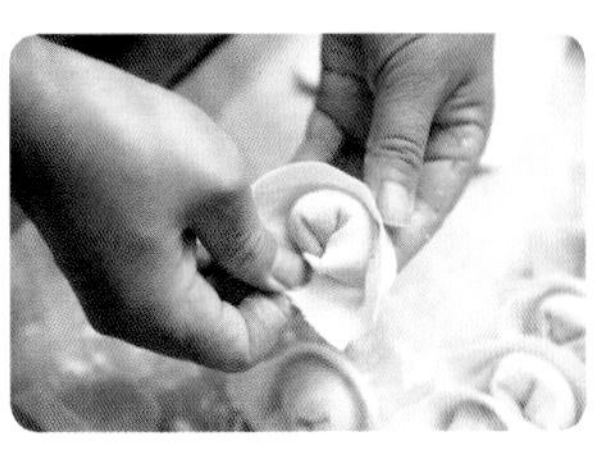

❹ 取适量馅料包入馄饨皮中，包出自己喜欢的馄饨形状。

❺ 鸡蛋磕入碗中打散。平底锅放油烧热，倒入蛋液晃匀摊成蛋饼，再切成细丝备用。

❻ 锅中烧开水，放入馄饨大火煮 8 分钟；准备好一个大碗，放入紫菜碎、干海米皮。

❼ 煮好的馄饨盛入碗中，撒入鸡蛋丝和香葱碎调味即可。

光盘行动

黄花鱼猪肉水饺

40分钟　低级

特色

海里游的和地上跑的同时出现在馅料中时，丝毫不觉得诧异，两者的鲜香相辅相成，冬日里来盘这样的水饺，不一会儿就全吃光，暖遍全身。

主料

黄花鱼 1 条
猪肉糜 150 克
饺子皮 250 克
白菜 250 克

辅料

香葱 10 克
姜 2 克
淀粉 5 克
生抽 2 汤匙
料酒 2 汤匙
五香粉 1/2 茶匙
香油 1/2 茶匙
橄榄油 20 克
盐适量

烹饪秘笈

1. 黄花鱼肉要放入高速料理机中搅打，把残留的鱼骨打得很碎，口感更细腻。
2. 白菜碎要挤干水分，避免馅料出太多汤，影响水饺外观，还可以避免煮水饺时馅料散碎。

做法

❶ 黄花鱼清洗干净，沿着鱼骨片出鱼身两侧的鱼肉，放入料理机中打成细腻的鱼泥。

❷ 白菜洗净、切碎，挤干水分；香葱去根、洗净、切碎；姜去皮、切末。

❸ 鱼泥与猪肉糜混合，放入白菜碎、姜末、香葱碎、五香粉、淀粉，倒入生抽、料酒、香油、橄榄油、适量盐，顺时针搅拌上劲成馅料。

❹ 取适量馅料放在饺子皮中，包成饺子。

❺ 锅中加入适量清水，大火煮开后下入饺子，煮熟即可。

轻松在家做人气寿司

金枪鱼手卷寿司

40分钟　中级

特色

以前感觉寿司很难做，其实只需几种简单的食材，就能轻松在家做出媲美日料店的人气寿司。金枪鱼柔韧鲜美，寿司米软糯清香，而且日料店一份的价格在家可以做出几倍的量来。

主料

寿司米 120 克
金枪鱼 100 克

辅料

寿司醋 2 汤匙
白糖 1 茶匙
盐 1/2 茶匙
沙拉酱 1 汤匙
海带条少许

做法

❶ 寿司米洗净，按照水和米约 1：1 的比例，加清水浸泡 10 分钟，放入电饭煲内煮熟成米饭。

❷ 寿司醋、白糖、盐混合搅拌溶化，倒入米饭中拌匀调味。

❸ 金枪鱼洗净，厨房纸吸干水分，切片。

❹ 戴上一次性手套，取适量米饭在手中握成方形的米饭团。

❺ 在米饭团上铺一片金枪鱼，装饰上海带条。

❻ 均匀淋入沙拉酱调味即可。

烹饪秘笈

1. 手握米饭团的时候不要太用力，避免米饭颗粒变形，影响外观。
2. 金枪鱼每片的大小和饭团的长度要差不多，即便长也不要长太多，吃起来方便，做出来的寿司也美观。

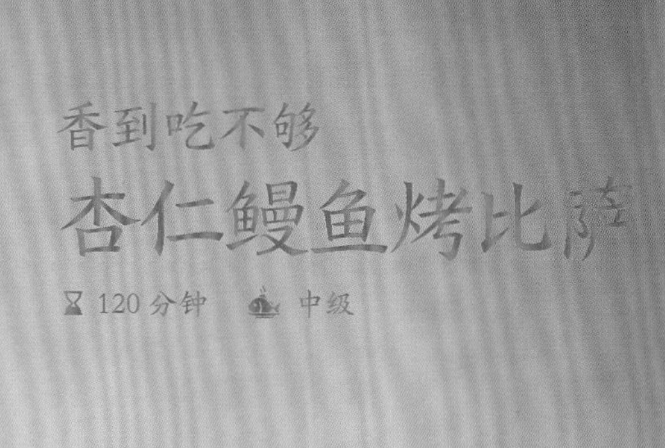

香到吃不够

杏仁鳗鱼烤比萨

⌛ 120 分钟　　中级

特色

杏仁酥香清甜，鳗鱼油润鲜香，两种香气迷人的食物撒在偌大的饼坯上，盖上厚厚的奶酪碎，烤出来的比萨浓香加倍，一块接一块地想要吃到胃爆。

主料

面粉 200 克
鳗鱼 200 克
杏仁片 5 克

辅料

酵母粉 1/2 茶匙
紫洋葱 30 克
番茄酱 20 克
马苏里拉奶酪碎 100 克
甜酱油 3 汤匙
甜米酒 3 汤匙
蜂蜜 3 汤匙
橄榄油少许
盐适量

做法

❶ 鳗鱼洗净，用热水浸泡去掉黏液，切成小块，加甜酱油、甜米酒、蜂蜜拌匀，冷藏腌制 1 小时。

❷ 酵母粉加适量温水活化溶解，倒入面粉中，加少许盐，再分批次加适量温水和成光滑的面团，包上保鲜膜，发酵至 2 倍大。

❸ 紫洋葱洗净、切碎。

❹ 取一个 9 寸烤盘，刷一层橄榄油，再将面团撕掉保鲜膜，擀成烤盘大小、边缘厚中间薄的饼坯。

❺ 在饼坯上刷一层橄榄油，涂抹上番茄酱，均匀摆入鳗鱼块，随意撒入紫洋葱碎、杏仁片。

❻ 再将马苏里拉奶酪碎厚厚地撒在上面，放入预热好的烤箱中层，上下火 200℃烘烤 25 分钟即可。

烹饪秘笈

面团一定要发酵到位，吃起来口感更香软，韧劲十足，也有足够的力量承载食材。

翻做快餐店的经典

鳕鱼汉堡

60分钟　低级

特色

鳕鱼排外脆里嫩，夹在两片汉堡面包中间，再放上蔬菜和调味酱，一口咬下去，酥香美味兼具，若早餐食用，搭配一杯牛奶就更完美了。

主料

汉堡面包 4 个
鳕鱼 400 克

辅料

鸡蛋 1 个
生菜叶 2 片
奶酪片 2 片
酸黄瓜 8 片
面包糠 100 克
胡椒粉 1/2 茶匙
蛋黄酱 2 汤匙
黄芥末酱 2 汤匙
橄榄油 60 毫升
盐适量

做法

❶ 鳕鱼去掉鱼骨、鱼皮，分成均等的 2 块鳕鱼排，洗净后用厨房纸擦干水分，涂抹上胡椒粉和适量盐，腌制 30 分钟。

❷ 生菜叶洗净，沥干水分；鸡蛋打散成鸡蛋液。

❸ 腌好的鳕鱼排双面蘸取鸡蛋液，再裹满面包糠。

❹ 橄榄油倒入锅中，烧至五成热时，放入鳕鱼排煎至两面金黄，捞出沥干油分。

❺ 汉堡面包放入微波炉中高火力加热 1 分钟。

❻ 取下层 2 个汉堡面包，由下至上依次摆放生菜叶 1 片、鳕鱼排 1 块、奶酪片 1 片、酸黄瓜 4 片。

❼ 再分别均匀淋入蛋黄酱和黄芥末酱，盖好上层汉堡面包即可。

烹饪秘笈

1. 汉堡面包放入微波炉加热时喷洒少许清水，可避免面包水分蒸发，口感太干。
2. 鳕鱼排易熟，炸至两面金黄时即可出锅。

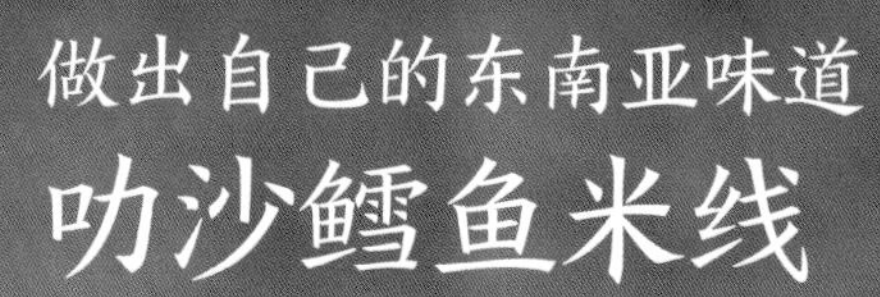

做出自己的东南亚味道

叻沙鳕鱼米线

⏳ 45 分钟　　低级

特色

东南亚旅行回来就念着叻沙的味道，无奈外面的餐馆吃不出正宗的感觉。自己的胃口只有自己知道，方法在这里，举一反三，做出你心里的味道。

主料

干米线 100 克
鳕鱼 350 克
叻沙酱 50 克

辅料

椰浆 100 毫升
黄豆芽 80 克
鹌鹑蛋 4 个
虾仁 6 个
香葱 2 根
豆腐干 40 克
橄榄油 3 汤匙
胡椒粉 1/2 茶匙
盐适量

做法

❶ 干米线提前 3 小时浸泡在清水中。

❷ 鳕鱼洗净，用厨房纸吸干水分，切成小块，加入胡椒粉和适量盐拌匀，腌制 20 分钟。

❸ 鹌鹑蛋洗净，煮熟，去壳；黄豆芽洗净；虾仁去沙线，洗净；香葱去根，洗净，切碎；豆腐干切片。

❹ 锅中倒入橄榄油，烧至五成热时放入叻沙酱炒香，随后放入黄豆芽、虾仁、豆腐干，中火翻炒 3 分钟。

❺ 向锅中倒入适量清水，大火煮开后倒入椰浆搅匀，加少许盐，滑入鳕鱼块熬煮 2 分钟，放入鹌鹑蛋，做成叻沙鳕鱼汤。

❻ 在做汤的同时，另起锅加适量清水，煮开，放入米线煮熟，捞出过温水，沥干后放在大碗中。

❼ 将叻沙鳕鱼汤浇在米线上，撒入香葱碎调味即可。

烹饪秘笈

1. 米线煮熟即可，不要煮太久，否则会失去弹性，影响口感。
2. 根据个人喜好，也可以将鳕鱼替换成其他鱼类，或加入自己喜欢的辅料。

鱼香四溢

番茄黄花鱼乌冬面

55 分钟　　低级

特色

经过腌制的黄花鱼加入番茄和雪菜翻炒，熬煮出浓浓的汤，倒在柔软弹滑的乌冬面上，酸香开胃，鱼香四溢，即便一天三顿都吃不腻。

主料

黄花鱼 1 条
番茄 1 个
乌冬面 150 克

辅料

雪菜 30 克
姜 2 克
香葱 1 根
生抽 2 汤匙
料酒 2 汤匙
胡椒粉 1/2 茶匙
橄榄油 2 克
盐适量

烹饪秘笈

黄花鱼块没有去鱼骨，吃时要注意，为吃起来方便，可以提前把鱼骨去掉。

做法

❶ 黄花鱼去头、去尾，清理干净，切成小块，加生抽、料酒、胡椒粉、适量盐拌匀，腌制 20 分钟。

❷ 番茄顶部划十字，开水烫一下，去皮，切成小块。

❸ 姜去皮、切末；香葱去根、洗净、切碎；雪菜冲洗一下，切碎。

❹ 橄榄油倒入锅中，烧至五成热时，放姜末爆香，再下入黄花鱼块煎至两面金黄，倒入适量清水，大火煮开。

❺ 放入番茄块、雪菜碎，中火熬煮 20 分钟，成番茄黄花鱼汤。

❻ 熬番茄黄花鱼汤时，另起锅，加适量清水烧开，煮乌冬面，煮熟后捞出，盛入碗中。

❼ 将番茄黄花鱼汤浇在乌冬面上，撒入香葱碎调味即可。

无意中成就的美食

龙利鱼香芹意大利面

35 分钟　低级

特色

印象中的意大利面都是肉类的，无意间调换了下食材，加入了久煮也不影响爽脆口感的香芹，看起来充满食欲，吃起来十分惊喜。

主料

龙利鱼 200 克
香芹 80 克
意大利面 150 克

辅料

白洋葱 30 克
意大利面酱 50 克
番茄 1 个
番茄酱 1 汤匙
白砂糖 1 茶匙
黑胡椒粉 1/2 茶匙
淀粉 1/2 茶匙
料酒 2 汤匙
橄榄油 3 汤匙
盐适量

做法

❶ 龙利鱼解冻，用厨房纸吸干水分，切成 3 厘米见方的块，加黑胡椒粉、淀粉、料酒、适量盐抓匀，腌制 20 分钟。

❷ 香芹茎叶分离，分别切碎；番茄顶部划十字，开水烫一下去皮，切成小块；白洋葱去皮、切碎。

❸ 锅中倒入适量橄榄油，烧至五成热时放入白洋葱碎爆香，再下入番茄块、香芹碎，中火翻炒 3 分钟。

❹ 随后放入龙利鱼块，翻炒至变色，加意面酱、番茄酱、白砂糖、少许盐炒匀，倒入少许清水，大火熬煮至汤汁浓稠。

❺ 在煮汤汁的同时，将意面放入另一锅开水中，煮至无硬心，捞出过温水，沥干，盛入盘中。

❻ 将龙利鱼香芹汤汁浇在意面上，放入香芹叶碎，吃时拌匀即可。

烹饪秘笈

1. 龙利鱼放入锅中稍微翻拌即可，避免过于用力导致散碎，影响美观度。
2. 熬煮的龙利鱼香芹汤汁尽量浓稠一些，避免拌意面时汤汁太多影响口感。

有鱼的
小食才好
4
CHAPTER

低脂又轻食

鲟鱼子蔬菜沙拉

⌛ 10 分钟　　低级

特色

不要看到鲟鱼子就觉得烹饪起来很难，鲟鱼子洗净，生食就可以了，撒在五颜六色的蔬菜上面，浇上油醋汁，低脂又健康，减肥时不妨来一盘补充能量吧。

主料

鲟鱼子 25 克

紫甘蓝 50 克

辅料

苦菊 20 克

黄瓜半根

胡萝卜半根

圣女果 6 个

熟玉米粒 20 克

熟青豆 20 克

黄椒 20 克

红椒 20 克

柠檬半个

油醋汁适量

做法

❶ 鲟鱼子洗净，沥干水分。

❷ 紫甘蓝洗净、切丝；苦菊洗净、撕成小缕；胡萝卜去皮、洗净，黄瓜洗净，分别切片。

❸ 圣女果洗净，一切两半；黄椒、红椒洗净，切丝。

❹ 备好的蔬菜和鲟鱼子放在同一盘中，挤入柠檬汁，淋入油醋汁，吃时拌匀即可。

烹饪秘笈

挤入柠檬汁可以减轻鱼子的腥味，但也不要放太多调味品，否则会盖住鱼子的鲜味。

繁忙时就做它吧

金枪鱼紫薯燕麦沙拉

15 分钟　低级

特色

在无暇做饭时，打开一罐鲜美的金枪鱼罐头，撒入一些即食燕麦片和紫薯块，放点喜欢的调味酱，稍微拌一拌，有鱼有主食的美味就成了，制作简单，健康又管饱。

主料

金枪鱼罐头 300 克

辅料

紫薯 80 克
即食燕麦片 40 克
枸杞子 20 粒
蛋黄酱 1 汤匙
千岛酱 1 汤匙

烹饪秘笈

1. 紫薯蒸熟晾凉后切块更容易，而且晾凉后拌入沙拉中口感更好。
2. 如果觉得燕麦片口感太干，可以加少许牛奶调和一下。

做法

❶ 紫薯洗净，放入蒸锅中蒸熟，去掉外皮，切成小块。

❷ 金枪鱼罐头取出捣碎。

❸ 枸杞子洗净待用。

❹ 将准备好的食材一同放入盘中，依次均匀地淋入蛋黄酱和千岛酱，吃食拌匀即可。

不刷碗的新吃法

金枪鱼鸡蛋盅沙拉

20分钟　低级

特色

又一种省掉刷碗的吃法诞生了，金枪鱼捣碎，和其余的食材搅拌好，放在鸡蛋盅里，一口一个，吃得过瘾，营养也很丰富。

主料

金枪鱼罐头 100 克
鸡蛋 1 个

辅料

圣女果 2 个
熟玉米粒 10 克
熟青豆 10 克
白洋葱 10 克
千岛酱 2 汤匙
沙拉酱 1 汤匙
欧芹叶少许

烹饪秘笈

鸡蛋从冷水下锅至出锅 5 分钟即可，这时的鸡蛋黄凝固，口感最嫩，做沙拉最适合。

做法

❶ 鸡蛋放入冷水中，开大火煮熟，剥去壳，一切两半，挖出鸡蛋黄捣碎，蛋白做盅。

❷ 圣女果洗净、切碎；白洋葱去皮、切碎；罐头金枪鱼捣碎。

❸ 将蛋白圆形那头的底部切平，站着放在盘中。

❹ 将金枪鱼碎、鸡蛋黄、圣女果碎、白洋葱碎、熟玉米粒、熟青豆粒混合，加入千岛酱拌匀，取适量放在鸡蛋盅内。

❺ 在鸡蛋盅上面均匀地淋入沙拉酱，点缀上欧芹叶即可。

方便美味又营养

鹰嘴豆鲷鱼罐沙拉

⏳ 30分钟　　低级

特色

一层叠一层地放在玻璃罐中，外出携带或者做便当都很合适，不仅存放方便还能减少烹饪的麻烦，入口时，每一层都带来不一样的味觉享受。

主料

鲷鱼肉 100 克
鹰嘴豆 25

辅料

熟玉米粒 20 克
圣女果 6 颗
牛油果半个
即食燕麦片 10 克
紫甘蓝 20 克
寿司酱油 2 汤匙
寿司醋 2 汤匙
白糖 1/2 茶匙
柠檬半个
生抽 2 汤匙
料酒 2 汤匙
胡椒粉 1/2 茶匙
橄榄油 2 汤匙
盐适量

烹饪秘笈

将鲷鱼肉炒熟、鹰嘴豆煮熟，分别晾凉后再放入瓶罐中，可以延长存放的时间，也不会影响蔬菜清脆的口感。

做法

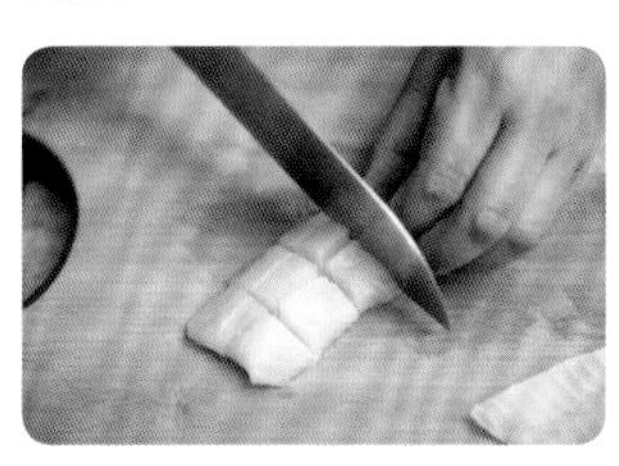

❶ 鲷鱼肉洗净，切成 2 厘米见方的块，加生抽、料酒、胡椒粉、适量盐抓匀，腌制 20 分钟。

❷ 鹰嘴豆洗净，放入开水中煮熟，捞出沥干水分。

❸ 牛油果去核、去壳，切成 2 厘米见方的块；紫甘蓝洗净、切丝；圣女果洗净，一切两半。

❹ 平底锅中倒入橄榄油，烧至五成热时，放入鲷鱼肉炒熟，盛出。

❺ 将寿司酱油、寿司醋、白糖混合，挤入柠檬汁，调成料汁。

❻ 取一个罐装玻璃瓶，从瓶底至瓶口依次放入熟玉米粒、圣女果瓣、鹰嘴豆、牛油果块、即食燕麦片、鲷鱼肉块、紫甘蓝丝，再浇入料汁即可。

好吃到渣都不放过

海苔鱼松蛋糕

⌛ 45分钟　　低级

特色

烹制三文鱼，一切繁琐都值得。在这款蛋糕中，加入清脆的海苔碎，抹在戚风蛋糕的表层，咬一口，掉落下少许蛋糕渣，急忙接住再塞回嘴里，一点儿也舍不得浪费！

主料

三文鱼 200 克
海苔 2 片
戚风蛋糕 3 块

辅料

柠檬 1 个
盐适量
沙拉酱 3 汤匙

烹饪秘笈

1. 在捏碎三文鱼时，要检查一下是否有鱼骨、鱼刺残留，若有要取出，以免影响口感。
2. 三文鱼本身含有丰富的油脂，因此不要再放油炒，否则会增加摄油量。

做法

❶ 柠檬洗净，一切两半，挤出柠檬汁；海苔捣碎。

❷ 三文鱼洗净，切成小块，加柠檬汁和适量盐拌匀，腌制 20 分钟。

❸ 腌好的三文鱼冷水下锅，中火煮 8 分钟，捞出后沥干水分，用手捏碎。

❹ 平底锅加热，放入三文鱼碎，中小火不断翻炒，炒至水分收干。

❺ 炒好的三文鱼碎放入料理机中打成松茸状，加入海苔碎拌匀。

❻ 在戚风蛋糕的外层均涂抹一层沙拉酱，放入三文鱼松中翻滚，均匀裹满海苔鱼松即可。

慕斯界的新亮点

三文鱼香橙慕斯

⌛ 20 分钟 　 低级

特色

慕斯的选材不仅局限于果蔬和奶油，即便跨界的食材也能轻松掌握。打破思维，用三文鱼做一道慕斯甜点，酸甜绵软，入口即化。

主料

三文鱼 200 克
香橙 1 个

辅料

淡奶油 250 克
白砂糖 60 克
吉利丁片 1 片
混合坚果碎 5 克
迷你奥利奥 4 片
柠檬 2 个

做法

❶ 柠檬洗净，一切两半，挤出柠檬汁；香橙去皮、切块。

❷ 三文鱼洗净，淋入柠檬汁，腌制 20 分钟，放入开水中煮 8 分钟，捞出后捣碎。

❸ 吉利丁片放入清水中泡软。

❹ 三文鱼碎、香橙块一同放入料理机中，加入 30 克白砂糖、吉利丁片，打成细腻的三文鱼糊。

❺ 往淡奶油中分三次加入剩余白砂糖，打发至奶油硬性发泡。

❻ 将三文鱼糊和打发奶油混合在一起，翻拌均匀，倒入慕斯杯中，放入冰箱冷藏 3 小时，待固定后取出。

❼ 在三文鱼慕斯上点缀奥利奥、混合坚果碎即可。

烹饪秘笈

柠檬汁可以去腥，香橙的酸甜也可以盖住三文鱼的腥味，做出来的甜品不会感觉有鱼腥味。

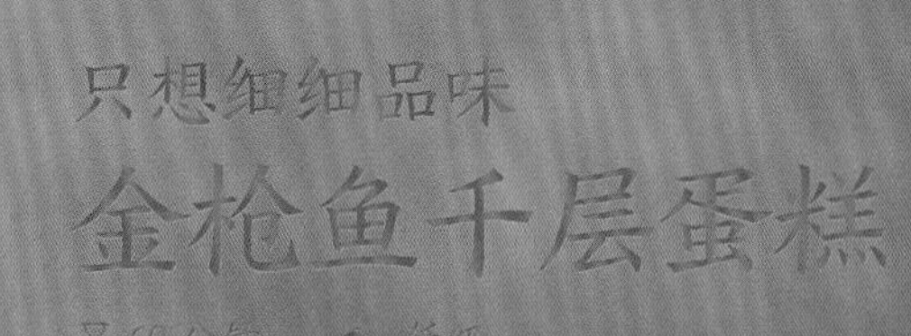

只想细细品味

金枪鱼千层蛋糕

60分钟　[illegible]级

特色

拉开方便快捷的金枪鱼罐头，和其他果蔬搅打成泥，一层一层涂抹在饼皮上，香甜的味道中透露出金枪鱼的鲜美。小心翼翼地切下一角千层蛋糕，用叉子刮一点，细细品味。

主料

金枪鱼罐头 300 克
面粉 150 克
牛奶 200 毫升

辅料

胡萝卜半根
牛油果 1 个
柠檬半个
鸡蛋 2 个
淡奶油 30 克
橄榄油 2 毫升
白糖 3 汤匙
盐适量

摊好的饼皮不要摞在一起，容易粘连，可以隔烘焙纸或者分开放。

做法

❶ 胡萝卜洗净、去皮，切成小块，放入开水中煮软，捞出后捣成泥。

❷ 罐头金枪鱼捣成泥；牛油果去核、去壳，捣成泥；混合在一起，加入胡萝卜泥，挤入柠檬汁，加少许盐，拌匀成金枪鱼果蔬泥。

❸ 鸡蛋磕入碗中，加入白糖，搅拌至白糖溶化。

❹ 再倒入牛奶、淡奶油、橄榄油搅拌均匀，加入过了筛的面粉，搅拌成细腻的面糊。

❺ 平底锅加热，不放油，每次取适量面糊倒入平底锅中晃匀，摊成多个圆形的饼皮。

❻ 在两层饼皮之间铺一层金枪鱼果蔬泥，依照此方式向上摞放，并尽量保持每张饼皮都放平，待完成后即可享用。

绵软脆嫩又鲜美
鲑鱼卵菠菜可丽饼

50 分钟　低级

特色

菠菜汁渲染了整个面糊，变成绿油油的可丽饼，卷入鲑鱼卵及多种蔬菜，一口吃下去，柔软的可丽饼夹着脆嫩的馅料，整个嘴里都是鱼卵的鲜美味道。

主料

鲑鱼卵 100 克
菠菜 40 克
面粉 80 克

辅料

牛奶 200 毫升
鸡蛋 2 个
胡萝卜半根
黄瓜半根
苦菊 40 克
牛油果半个
火腿 40 克
橄榄油 20 毫升
沙拉酱 3 汤匙
盐适量

做法

❶ 菠菜洗净、切段，放入料理机中打成菠菜泥，过滤出渣，留菠菜汁。

❷ 菠菜汁中打入鸡蛋，倒入牛奶和橄榄油，加适量盐，搅拌均匀，再加入过筛的面粉，调成细腻的菠菜面糊。

❸ 平底锅中不放油加热，每次取适量面糊倒入锅中晃匀，摊成多个可丽饼皮，放在一旁晾凉。

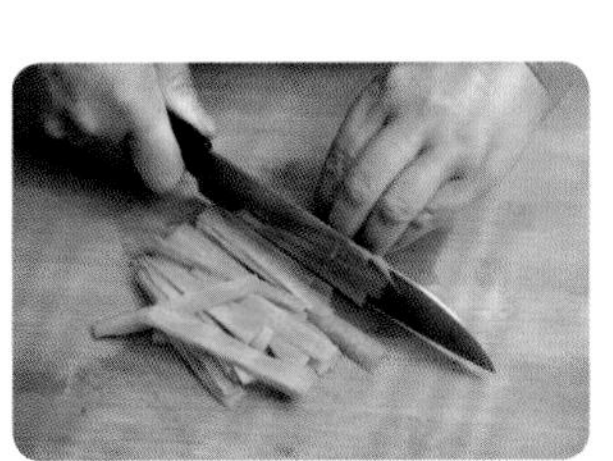

❹ 鲑鱼卵洗净，沥干水分；胡萝卜洗净、去皮，黄瓜洗净，分别切条。

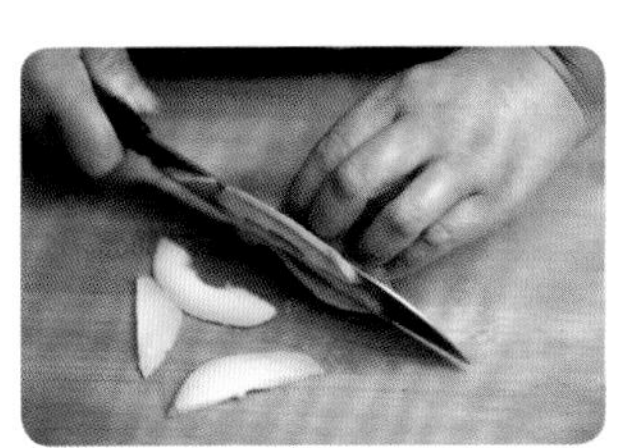

❺ 苦菊洗净，撕成小缕；牛油果去壳、去核，切成条；火腿切成条。

❻ 将鲑鱼卵、果蔬条、火腿条分成均等的几份，分别放入可丽饼中，淋入沙拉酱，自下而上卷起即可。

烹饪秘笈

面粉过筛后和出来的面糊口感更细腻，摊出的可丽饼柔软无颗粒。

吃出多种美味口感

鳕鱼派

50分钟　低级

特色

看这做法有点中式馅饼的意思呢。鳕鱼排腌制入味，夹在两张酥脆的手抓饼皮中，为避免腻口，放几根清新的芦笋，鲜嫩、香酥、清脆、奶香……多种口感成就了这一美味。

主料

鳕鱼排 200 克
手抓饼皮 2 张

辅料

芦笋 5 根
黑胡椒粉 1/2 茶匙
柠檬半个
马苏里拉奶酪碎 50 克
橄榄油 2 汤匙
盐适量

烹饪秘笈

手抓饼皮要完全包住鳕鱼排，并把周边压紧，以防止奶酪碎溶化流出，影响成品卖相及口感。

做法

❶ 鳕鱼排洗净，用厨房纸吸干水分，挤上柠檬汁，撒入黑胡椒粉和适量盐，腌制 20 分钟。

❷ 芦笋洗净，切成小段。

❸ 平底锅中倒入橄榄油，烧至五成热时放入芦笋段炒熟。

❹ 手抓饼皮擀薄一些，将腌好的鳕鱼排放在其中一片手抓饼上，再铺上芦笋段。

❺ 鳕鱼排上面撒满马苏里拉奶酪碎，把另一片手抓饼皮覆盖上去，周边捏紧，用叉子压出花纹。

❻ 放入预热好的烤箱中层，上下火 200℃烤 15 分钟即可。

热狗“大变身”

秋刀鱼面包

120 分钟 高级

特色

在热狗面包的基础上改造一下，原来的香肠变成秋刀鱼，经过一番烤制，烤箱的高温逐渐把鱼皮变得焦脆。面包绵软，秋刀鱼鲜美，最适合早餐时食用。

主料

秋刀鱼 4 条
面粉 250 克

辅料

牛奶 150 毫升
细砂糖 30 克
蛋清 1 汤匙
酵母粉 1/2 茶匙
溶化黄油 30 克
生抽 2 汤匙
白醋 2 汤匙
黑胡椒粉 1/2 茶匙
柠檬 1 个
姜 2 克
橄榄油 2 汤匙
沙拉酱 3 汤匙
盐适量

烹饪秘笈

1. 将牛舌饼擀成与秋刀鱼的长度相当，如果秋刀鱼太长，可以中间切开或选择小一点的秋刀鱼。
2. 牛奶和酵母水加在一起和面，如果水量太多影响面质，可以减少牛奶用量。

做法

❶ 牛奶中加入细砂糖搅拌至溶化；酵母粉加适量温水活化溶解。

❷ 牛奶、酵母水倒入面粉中，加少许盐，分三次加入溶化黄油，揉成光滑的面团，包上保鲜膜，发酵至 2 倍大。

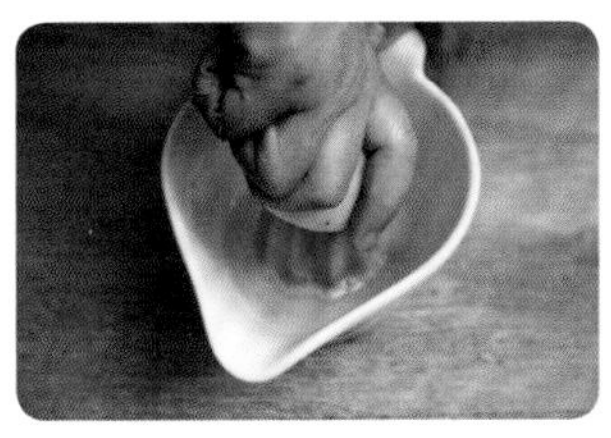

❸ 姜去皮、切丝；柠檬洗净，一切两半，挤出柠檬汁。

❹ 秋刀鱼清理干净，在鱼身两侧各划几刀，加生抽、白醋、黑胡椒粉、柠檬汁、姜丝、适量盐腌制 20 分钟。

❺ 平底锅中倒入橄榄油，烧至五成热时放入秋刀鱼，小火煎至七成熟。

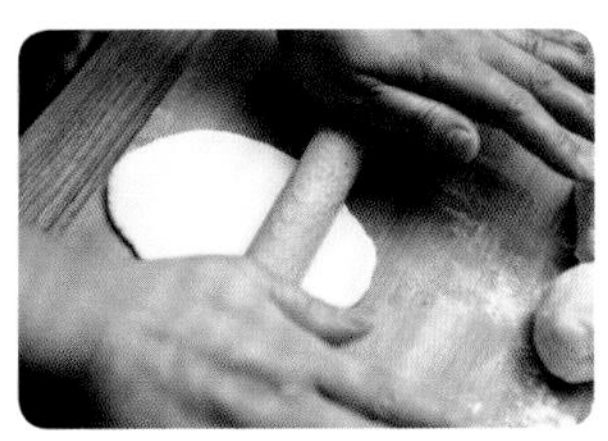

❻ 发酵好的面团撕掉保鲜膜，分成等量的小剂子，再擀成牛舌饼的形状成面包坯，放入烤盘中进行二次发酵。

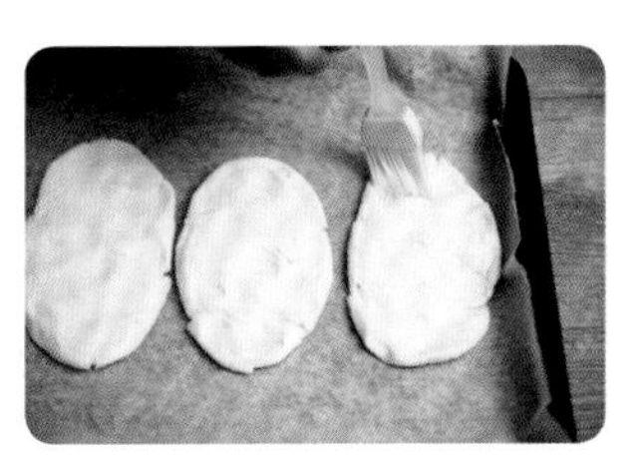

❼ 待面包坯稍微有些膨胀，表面刷一层蛋清，取一条秋刀鱼放在面包皮的中间，轻轻按压一下。

❽ 面包表层分别淋入适量沙拉酱，放入预热好的烤箱中层，上下火 180℃烤 25 分钟即可。

俘获人心的美味

沙丁鱼蒜香法棍

⌛ 40 分钟 低级

特色

法棍就是烘焙界的“圣物”，怎么吃都能俘获人心，和蒜蓉配在一起，根本无法抗拒，再抹上一层沙丁鱼泥，大大提升了鲜美度。

主料

沙丁鱼 100 克
法棍切片 8 片

辅料

蒜 6 瓣
香葱 2 根
融化黄油 2 汤匙
生抽 1 汤匙
料酒 1 汤匙
胡椒粉 1/2 茶匙
盐适量

做法

❶ 沙丁鱼洗净，切成小块，加生抽、料酒、胡椒粉、适量盐腌制 20 分钟，放入料理机中打成泥。

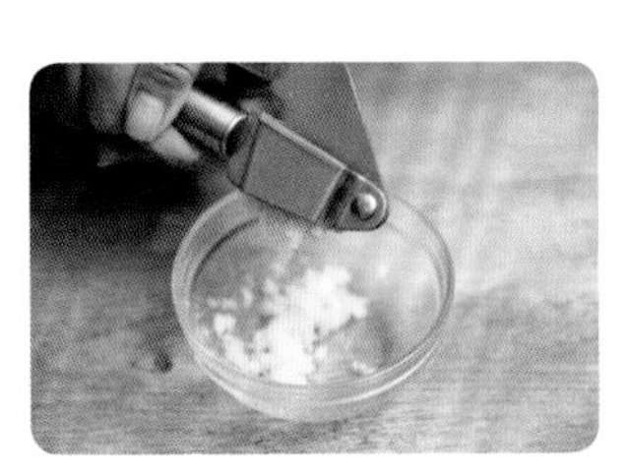

❷ 蒜去皮、捣成蓉；香葱去根、洗净、切碎。

❸ 蒜蓉与融化黄油混合，搅拌均匀成蒜蓉黄油。

❹ 法棍切片上涂抹一层蒜蓉黄油，再铺一层沙丁鱼泥，撒入香葱碎，摆入烤盘。

❺ 放在预热好的烤箱中层，上下火 200℃烤 10 分钟左右，至金黄焦脆即可。

烹饪秘笈

蒜蓉要捣得非常细腻，与黄油混合口感才好，烤出来的法棍蒜香更浓郁。

海鲜风味来袭

鱼蓉燕麦饼干

⏳ 50分钟　　中级

特色

喜欢吃饼干的有福啦！呈上简便快捷的海鲜口味饼干的烤制方法，不用担心，没有海鲜的腥味，只觉得香酥可口，自己做的给宝宝吃都很放心。

主料

金枪鱼罐头 150 克
普通面粉 60 克
全麦面粉 20 克
即使燕麦片 45 克

辅料

小苏打 1/2 茶匙
细砂糖 25 克
融化黄油 50 克
蜂蜜 2 汤匙

烹饪秘笈

金枪鱼泥的汤汁要沥干，才能保证饼干面糊松散偏干，烤出来的口感更酥脆。

做法

❶ 金枪鱼罐头取出，沥干汤汁，捣成蓉。

❷ 将即食燕麦片、细砂糖、金枪鱼蓉放入大碗中。

❸ 将普通面粉、全麦面粉、小苏打混合，过筛到盛有即食燕麦片的大碗中，翻拌均匀成干性食材。

❹ 将融化黄油和蜂蜜混合，搅拌均匀，把干性食材倒入黄油蜂蜜混合液中，翻拌均匀成饼干面糊。

❺ 取适量饼干面糊，先搓成球形再压扁，放在烤盘上，整理完成后推进预热好的烤箱中层，上下火 180℃烘烤 20 分钟即可。

家庭自制零食

椒盐酥脆鱼骨

110分钟　低级

特色

处理鱼片下来的鱼骨若扔掉真是太可惜了，腌一腌、烤一烤、炸一炸，只需三步，家庭自制的小零食就成了。干净卫生，而且含有丰富的钙质，放入密封罐内能储存很久呢。

主料

鱼骨 200 克

辅料

生抽 2 汤匙
料酒 2 汤匙
胡椒粉 1/2 茶匙
椒盐粉 5 克
姜 3 克
香草盐适量

做法

❶ 姜去皮，切片。

❷ 鱼骨洗净，用厨房纸吸干水分，剁成小块，加生抽、料酒、胡椒粉、姜片、适量香草盐拌匀腌制 1 小时。

❸ 腌好的鱼骨放入烤盘中，推入预热好的烤箱中层，上下火 90℃烘烤 25 分钟。

❹ 取出鱼骨，再放入空气炸锅中，温度设置 200℃炸 15 分钟。

❺ 将炸好的鱼骨均匀撒入椒盐粉拌匀即可。

烹饪秘笈

先将鱼骨放入烤箱中，烤干鱼骨中的水分再炸，口感更酥脆。

废弃的鱼鳞也有春天

酥炸鱼鳞

20 分钟　　低级

特色

鱼鳞因为腥味太重往往被嫌弃，殊不知其不仅营养丰富而且非常美味。只要洗净表层黏液，加点调味品，放入油锅中一炸，那种酥香脆嫩的口感你绝对意想不到！

主料

鱼鳞 200 克

辅料

鸡蛋 1 个
料酒 2 汤匙
生抽 2 汤匙
米醋 2 汤匙
胡椒粉 1/2 茶匙
椒盐粉 1/2 茶匙
淀粉 5 克
橄榄油 60 毫升
盐适量

做法

❶ 鸡蛋打散成鸡蛋液。

❷ 鱼鳞反复洗净，用厨房纸吸干水分，加鸡蛋液、料酒、生抽、米醋、胡椒粉、适量盐拌匀，腌制 2 小时。

❸ 将淀粉倒入鱼鳞中拌匀，让每片鱼鳞都裹满淀粉。

❹ 锅中倒入橄榄油，烧至五成热时，下入鱼鳞，炸至金黄盛出，沥干油分。

❺ 再均匀撒入椒盐粉调味即可。

烹饪秘笈

1. 鱼鳞表层附有黏液，要反复冲洗至半透明，可以去除大部分腥味。
2. 鱼鳞裹上淀粉后，要用手揉搓几遍，避免有鱼鳞粘在一起，炸不透。

海鲜版笑口常开

鱼泥枣

40分钟　　低级

特色

绵软的糯米替换成混合的龙利鱼泥，完全变成另一种风味。大枣的甜蜜加上龙利鱼的鲜美相互融合，不得不承认这是一种神奇的存在。把蒸的烹饪方法换成炸也非常值得期待。

主料

龙利鱼 100 克
大枣 10 颗

辅料

柠檬 1 个
甜米酒 2 汤匙
蜂蜜 3 汤匙
糯米粉 10 克
白芝麻 2 克
干桂花 3 克

做法

❶ 柠檬洗净，一切两半，挤出柠檬汁。

❷ 大枣洗净，在清水中浸泡 30 分钟，去核，从大枣的中间切开，但不要切断。

❸ 龙利鱼解冻，用厨房纸吸干水分，切成小块，放入料理机，挤入柠檬汁，打成细腻的鱼泥。

❹ 鱼泥中加入甜米酒、糯米粉、白芝麻、干桂花搅拌均匀。

❺ 根据枣的大小取适量拌好的鱼泥，用勺子填入红枣中，成鱼泥枣。

❻ 蒸锅中加适量清水煮开，放入鱼泥枣，大火蒸 10 分钟，吃食淋入蜂蜜即可。

烹饪秘笈

1. 大枣浸泡后再去核，可以减少枣中糖分的流失。
2. 大枣提前浸泡一下，蒸出来的口感不会干。

孩子可以放心吃

炸鱼薯条

60分钟　低级

特色

孩子爱吃鱼又爱吃薯条，怎么办？来个结合版的吧。龙利鱼肉细刺少，给孩子吃也放心，裹上薯泥、蘸满鸡蛋和面包糠，放在新鲜的油中炸熟，相信宝宝会非常喜欢的。

主料

龙利鱼 200 克
土豆 100 克

辅料

鸡蛋 2 个
牛奶 20 毫升
面包糠 100 克
番茄酱 3 汤匙
生抽 2 汤匙
料酒 2 汤匙
黑胡椒粉 1/2 茶匙
橄榄油 60 毫升
盐适量

做法

❶ 龙利鱼洗净，用厨房纸吸干水分，切成手指粗细的长条，加生抽、料酒、黑胡椒粉、适量盐拌匀，腌制 30 分钟。

❷ 土豆洗净、去皮，切成小块，放入蒸锅中蒸熟，然后捣成泥，加少许盐、牛奶拌匀。

❸ 鸡蛋打散成鸡蛋液。

❹ 锅中倒入橄榄油，烧至五成热。

❺ 取适量土豆泥，将龙利鱼条包裹起来。

❻ 再蘸满鸡蛋液，裹满面包糠，放入油锅中炸至金黄，捞出沥干油分，蘸着番茄酱食用即可。

烹饪秘笈

1. 建议过油炸两遍，一炸可以使鱼薯条定形不易散碎，二炸可炸出酥脆的口感。
2. 腌制好的龙利鱼条先蘸取些料汁再裹满土豆泥，这样土豆泥更容易粘在龙利鱼条上。

上等美味，四季皆宜

软滑鱼皮冻

⌛ 80分钟　　低级

特色

肉皮冻、鱼皮冻都是下酒好菜，拌米饭吃也香。没有冰箱的年代，只有冬天才能吃上这等美味，现在一年四季想吃就做，放在冰箱里，吃的时候取出切块，入口即化，浓郁醇香。

主料

三文鱼皮 500 克

辅料

姜 5 克
大葱 300 克
蒜 5 瓣
八角 2 个
香叶 1 片
花椒粒 5 克
花雕酒 60 毫升
胡椒粉 1/2 茶匙
生抽 3 汤匙
老抽 1 汤匙
白糖 1/2 茶匙
橄榄油 2 汤匙
盐适量

做法

❶ 三文鱼皮洗净，切成条，加 30 克花雕酒、胡椒粉、适量盐腌制 30 分钟。

❷ 姜去皮、切片；大葱去皮、切段；蒜去皮、拍扁。

❸ 将八角、香叶、花椒粒一同放入汤锅中备用。

❹ 炒锅中倒入橄榄油，烧至五成热时，放入姜片、大葱段、蒜瓣爆香，放入腌好的三文鱼皮炒至微卷。

❺ 加生抽、老抽、白糖及剩余花雕酒，倒入适量清水，煮开后转移至准备好的汤锅中，中小火熬煮至浓稠。

❻ 向鱼皮汤中加适量盐调味，熬煮好的汤过滤杂质后倒入容器中，自然晾凉，放入冰箱冷藏 3 小时，待凝固后切成小块即可食用。

烹饪秘笈

1. 三文鱼皮上的鱼鳞一定要清理干净，否则会影响口感。
2. 如果喜欢吃辣的，可以加几根干辣椒，多一重鲜辣更下饭。

脆脆的，好好吃

椒盐脆鱼皮

⌛ 50 分钟　　低级

特色

做鱼丢弃下来的鱼皮，腌制几分钟，蘸上鸡蛋液和淀粉炸至酥脆，吃起来不会比鱼肉的味道差，没准这块边角料就变成大明星了。

主料

三文鱼皮 500 克

辅料

生抽 2 汤匙
料酒 2 汤匙
胡椒粉 1/2 茶匙
鸡蛋 2 个
淀粉 10 克
橄榄油 60 毫升
香葱 1 根
椒盐粉 1/2 茶匙
盐适量

做法

❶ 三文鱼皮洗净，用厨房纸吸干水分，切成小块，加生抽、料酒、胡椒粉、适量盐拌匀，腌制 30 分钟。

❷ 鸡蛋打散成鸡蛋液；香葱去根、洗净、切碎。

❸ 锅中倒入橄榄油，烧至五成热。腌好的三文鱼块裹满鸡蛋液，再裹满淀粉，放入油锅中炸至金黄，捞出沥干油分。

❹ 在三文鱼皮上撒上椒盐粉和香葱碎调味即可。

烹饪秘笈

三文鱼皮中含有油脂，吃时蘸点番茄酱或柠檬汁可以解腻。

特色

香酥的小鱼干是最解馋的小零嘴。自己做的又好吃又健康，看小说、刷电视剧的时候来一盘，真是莫大的享受！

解馋的小零嘴

自制小鱼干

60 分钟　　低级

主料

小鱼干 150 克

辅料

蒜 5 瓣
大葱 30 克
白砂糖 1/2 茶匙
生抽 2 汤匙
白芝麻 2 克
橄榄油 3 汤匙
蒜蓉辣酱 2 汤匙
番茄酱 1 汤匙
蜂蜜 3 汤匙
盐适量

烹饪秘笈

1. 小鱼干浸泡在清水中，以便去除部分咸味和腥味，做出来的鱼干更香甜。
2. 炒鱼干时，千万不可偷懒，要把汤汁炒至完全收干，才能保证鱼干的香脆。

做法

❶ 小鱼干洗净，在清水中浸泡 30 分钟，捞出后用厨房纸吸干水分。

❷ 将小鱼干放在烤盘上，推入烤箱中层，上下火 100℃烘烤 15 分钟。

❸ 蒜去皮、切末；大葱去皮、切片。

❹ 炒锅中倒入橄榄油，烧至五成热时，放入蒜末、大葱片炒香。

❺ 再加入生抽、蒜蓉辣酱、番茄酱、白砂糖、适量盐，中火炒匀，再放入烘烤过的小鱼干继续翻炒。

❻ 炒至汤汁收干时，淋入蜂蜜，撒入白芝麻炒匀即可。

鲜甜奶香

铁板奶酪马步鱼

35 分钟　低级

特色

马步鱼味道鲜香，在街边吃烤串时恨不得只吃马步鱼。回家来自己腌点马步鱼，煎时撒点奶酪碎，在原本鲜甜的味道上又多了分奶香，怎么也吃不够。

主料

马步鱼 6 条

马苏里拉奶酪碎 30 克

辅料

甜米酒 2 汤匙

蜂蜜 1 汤匙

橄榄油少许

盐适量

做法

❶ 马步鱼洗净，加甜米酒和适量盐腌制 20 分钟。

❷ 铁板上刷一层橄榄油，放入马步鱼煎至两面金黄。

❸ 在马步鱼的表面刷一层蜂蜜。

❹ 再撒入马苏里拉奶酪碎，待奶酪碎融化即可。

烹饪秘笈

1. 马步鱼上的水分不用沥干，否则煎出来的口感发硬。
2. 每条马步鱼上的奶酪碎不要撒过多，否则奶酪碎高温变焦会影响口感。

特色

学会了这道鱼肠，就会举一反三做各种肠。自己做的肠全部真材实料，吃起来不仅过瘾而且健康，涮火锅、炒菜、做三明治……想怎么吃都随自己的意。

真材实料，吃得过瘾
自制鱼肠

35 分钟　低级

主料

鳕鱼 300 克

辅料

胡萝卜半根
鸡蛋 1 个
干酪 15 克
花雕酒 2 汤匙
淀粉 5 克
胡椒粉 1/2 茶匙
橄榄油少许
盐适量

做法

❶ 鳕鱼洗净，切成小块；胡萝卜洗净、去皮、切块。

❷ 将鳕鱼块、胡萝卜块、鸡蛋、干酪、花雕酒一同放入料理机中，打成细腻的鱼泥。

❸ 盛出鱼泥，加入胡椒粉、淀粉、适量盐搅拌上劲。

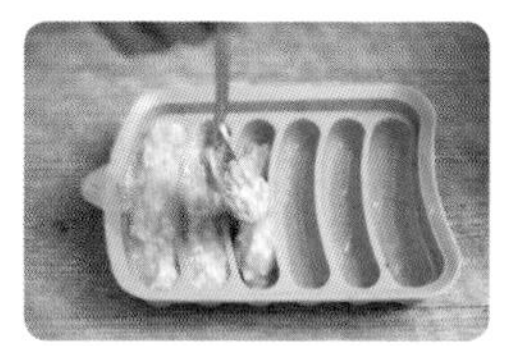

❹ 在香肠模具中刷一层橄榄油，取适量拌好的鱼泥倒入香肠模具中。

❺ 蒸锅中加适量清水，放入鱼肠蒸熟即可。

烹饪秘笈

在香肠模具中刷油是为了方便蒸好的鱼肠脱模。

鱼脯更胜肉脯

芝麻鮰鱼脯

60 分钟　中级

特色

吃太多肉脯，会无意间摄入过多的油脂。为了吃得更健康，可以把肉类换成鱼类。同样的制作方法，从选材上减少油脂量，做出来的鱼脯味道也不输肉脯呢。

主料

鮰鱼肉 450 克

辅料

淀粉 10 克
鸡蛋 1 个
生抽 3 汤匙
料酒 3 汤匙
蚝油 1 汤匙
白糖 1/2 茶匙
黑胡椒粉 1/2 茶匙
蜂蜜 1 汤匙
白芝麻 3 克
盐适量

做法

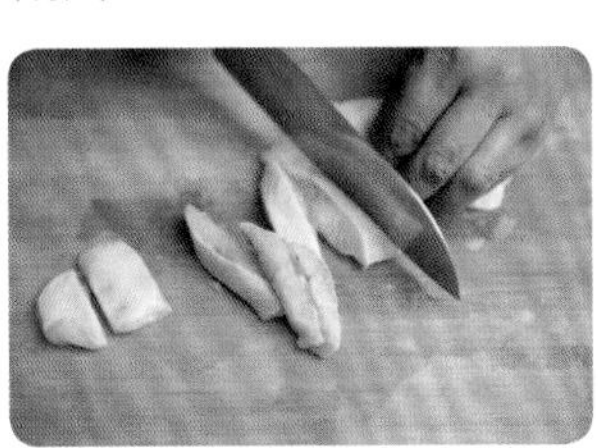

❶ 鮰鱼肉洗净，切成小块，放入料理机中打成细腻的鱼泥。

❷ 把鸡蛋磕入鱼泥中，加生抽、料酒、蚝油、白糖、黑胡椒粉、淀粉、适量盐，分批次加少许清水搅拌上劲。

❸ 蜂蜜加适量清水调成蜂蜜水。

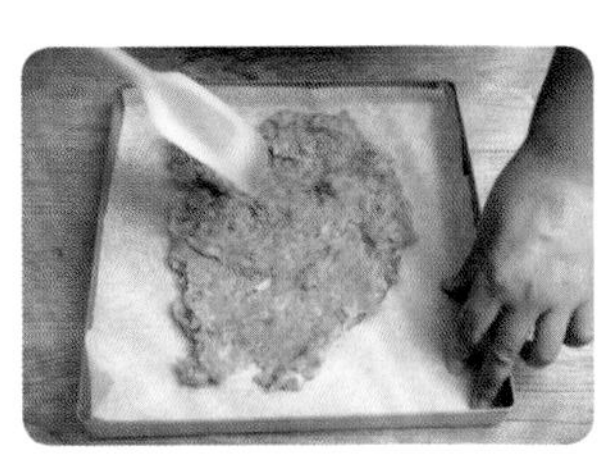

❹ 取一块烤盘大小的油纸垫在烤盘中，把搅拌好的鱼泥倒在上面摊平，再铺上一块油纸，用擀面杖擀紧、擀实，越薄越好。

❺ 放入预热好的烤箱中层，上下火 180℃烘烤 20 分钟取出，刷一层蜂蜜水，再放回烤箱继续烘烤 10 分钟。

❻ 再次取出烤盘刷一遍蜂蜜水，均匀撒入白芝麻，放回烤箱继续烤 5 分钟即可。

烹饪秘笈

1. 烤好的鱼脯冷却后切成小块就可以食用了。
2. 鱼肉没有猪肉、牛肉有弹性，所以要多放淀粉，或者分批次加清水搅拌，增加弹性。
3. 不要直接刷蜂蜜，否则容易烤焦。

SABA's KITCHEN
萨巴厨房™

萨巴厨房系列图书

吃出健康系列

元气素食